Excel图表之道 典藏版

如何制作专业有效的商务图表

刘万祥 ◎ 著

電子工業出版社
Publishing House of Electronics Industry
北京•BEIJING

内 容 简 介

本书介绍作者在实践工作中总结出来的一套“杂志级商务图表沟通方法”，告诉读者如何设计和制作达到杂志级质量的、专业有效的商务图表。作者对诸如《商业周刊》、《经济学人》等全球顶尖商业杂志上的精彩图表案例进行分析，给出其基于Excel的实现方法，包括数据地图、动态图表、仪表板等众多高级图表技巧，适合职场白领特别是数据分析人士阅读。

图书在版编目（CIP）数据

Excel图表之道：如何制作专业有效的商务图表：典藏版 / 刘万祥著. —北京：电子工业出版社，2017.5

ISBN 978-7-121-31313-4

Ⅰ.①E… Ⅱ.①刘… Ⅲ.①表处理软件 Ⅳ.①TP391.13

中国版本图书馆CIP数据核字(2017)第072758号

策划编辑：张慧敏
责任编辑：石　倩
印　　刷：北京捷迅佳彩印刷有限公司
装　　订：北京捷迅佳彩印刷有限公司
出版发行：电子工业出版社
　　　　　北京市海淀区万寿路173信箱　　邮编：100036
开　　本：787×980　1/16　印张：14　字数：200千字
版　　次：2010年4月第1版
　　　　　2017年5月第2版
印　　次：2024年5月第18次印刷
印　　数：32501~33000册　　定价：69.00元

凡所购买电子工业出版社图书有缺损问题，请向购买书店调换。若书店售缺，请与本社发行部联系，联系及邮购电话：（010）88254888，88258888。

质量投诉请发邮件至zlts@phei.com.cn，盗版侵权举报请发邮件至dbqq@phei.com.cn。

本书咨询联系方式：010-51260888-819，faq@phei.com.cn。

专家要控制感情，并靠理性而行动。他们不仅具备较强的专业知识和技能以及伦理观念，而且无一例外地以顾客为第一位，具有永不厌倦的好奇心和进取心，严格遵守纪律。以上条件全部具备的人才，我才把他们称为专家。

——大前研一《专业主义》

推荐序

2009 年底，作为博文视点的评审专家，我有幸拜读了这本《Excel 图表之道》。虽然那个时候此书还只是初稿，但内容的详实以及分析的透彻，已经足以让我感到汗颜。

说来惭愧，作为微软的十佳金牌讲师，一直以来我都认为自己的 Excel 玩得很不错，熟练游刃于各种表格和图表之间，各种设定也可以说是烂熟于心。但从来没有认真想过，原来一个简单的图表还有这么多门道! 作者只用简单实用的方法，居然就可以轻松制作媲美商业杂志的专业图表，一些图表的思路更是精巧绝伦，令人无比佩服。

但更打动我的是作者对于商务图表之道的探讨。我很欣赏这本书的名字——《Excel 图表之道》，取题简单但是有力，通俗但又透着那么一股子深邃。

《道德经》上说："道生一，一生二，二生三，三生万物"，意思就是说"道"是万物运行，自然变化的规律和法则，是一切的本源，没有规律的一切顶多称得上是个空中楼阁。

本书恰恰起到了指明规律和原则的目的 —— 当我读罢此书之后，再打开那些自认为十分得意的报表时，却发现原来很多东西根本没有遵从一些基本的"道"，貌似琳琅满目，或是花里胡哨，但却缺少一种精髓，甚至是背离了图表用来表达数据的本意。

这是一个很容易让人疯狂的时代，包括我在内的很多人往往会头脑发烫，做事情的时候来不及或者不愿意花时间去想清楚"我要做什么"、"我要怎么做"。这是一本能够让人从繁杂的事物和浮躁的环境中沉静下来的书，能让你看到一棵棵繁茂的大树下面那些清晰的根茎脉络，从而理解如何让自己的大树枝繁叶茂。

孔文达

微软（中国）有限公司解决方案技术经理

微软十佳金牌讲师

读者热评

本人是中高层销售管理人员，期间在很多家公司也经历过诸多培训，期间包含了商业数据分析等等关于数据统筹及框架分析的培训课程。但读了您的样章和博客，仍有相见恨晚之感。现在我会每天抽出至少 2 小时非工作时间来学习这方面内容，感觉很好，特别是您提到的，专业的孤独不是一天两天的事情，绚丽的水晶图表诱惑同样很大，感受特别深刻。

个人感觉，本书的定位应该在于专业图表艺术范畴。用艺术来形容不为过，色彩、排版、专业标示、个性图例，以及画龙点睛的各种手法，无一不在展示图表的专业艺术领域。我们不是美术师，不是艺术家，但是我们用自己的智慧把图表的艺术魅力呈现在大家面前。

如同哈利波特的魔法学院，您自己也在构建这样一个 Excel 图表的魔法殿堂。我们读了您的样章，感觉受益匪浅，似乎已经有了一些 Excel 的魔力。之所以讲这些，无非表明自己的观点：图表艺术殿堂，专业图表艺术。

博客读者 fgg2003

的确不错，读完令人神清气爽，醍醐灌顶！个人有几个不成熟的想法，因为近期在看《设计东京》，突然想到你的《Excel 图表之道》，书籍的设计不要太大，要精致一点，出差时可以放在电脑包里，需要或闲时拿出翻翻，将非常惬意。不要像现在的 Excel/Word 的书籍一样，几乎都是大大一本！另外，建议不要随书赠送光盘，网上购买，极易损坏，而且也非常不环保，建议将范例放在网盘里，让大家直接去下载，当然可以随书赠送密码！

博客读者 国产 007

关注楼主的博客有一段时间了，谢谢您的分享，学到很多，出了书我一定会珍藏，这是一部不可多得的精品书！我认为不要把书写成工具书，适合从启蒙到高级一切等级的人，这样会沦为计算机类的书，或电器说明书之类的东西（这类东西相信没有谁会认真拜读），失去了你原来简洁明了的风格，把精华都淹没了！一些流程只要明白就可以。我会一直支持楼主！

博客读者 EPreader

仔细看完样章，不得不说这是非常精彩的 一本书籍，书籍的内容编排、表现形式都是非常简洁而富有表现力的。

博客读者 Jerry

EP 的样章读过了，很喜欢。从目录可以看出，这本书的实用性很强，具有可操作性，除了具备知识性，简直就是一本非常好的操作手册，从开篇的颜色选择上就可窥一斑。另外，读样章与读博客的感觉不一样，通过样章发现 EP 的文学功底也很深，足以看出丰富的阅读在其内心的积淀。向 EP 学习！祝你的新书大卖！

博客读者 胡胡的家

总的来说内容非常好，一直在关注这个博客，出版了我肯定会买的。虽然我也通过了微软的 Excel 认证，但是觉得要用到博主这样才是真正掌握了图表。

博客读者 老杨

从作者建博之初我就开始关注这个博客，并且将其推荐给自己的同事、朋友和论坛的网友们。通过阅读 EP 的博客，使我们在惊叹"另类" Excel 图表的同时，也对 EP 这种专心、专业、专注的精神所折服。如果你需要一本专业的 Excel 图表书籍，我推荐《Excel 图表之道》。

知名 PPT 论坛扑奔网管理员 许多

常听人说起有些高手将自身多年的武功秘籍藏密于博客之中，遂今日动用世界最卓越的搜索引擎 google 对其进行查找，希望能够得到一些线索。所谓功夫不负有心人，我终于在浩瀚的网络空间为大家寻觅到一位世外高人。

ExcelPro 不仅精通各项技术，更关注如何展现出更好的效果，其广征博引世界各地著名专业人士的作品，对国际商业杂志的图表进行分析点评，真所谓博古通今啊！使我们有幸能够知晓何为专业。我向大家隆重推荐 ExcelPro 的图表博客。

财务经理人网管理员 Excel 版块总版主 杨宏宇

首先感谢博主在一年中为大家奉献的精彩博文，其中不乏充满真知灼见和令人拍案叫绝的文章。

关注这个博客已经有一年了，每一篇文章都仔细研读和实验过，这一年中从博主这里“偷学”了不少知识和技巧，受益匪浅，这里再次感谢。

我对博主的评价用 2 个词语概括：1. 实用务实。不追求花哨的图表效果，而探究最有效最直观的表现形式，这使得该博客内容相当实用务实。2. 真诚用心。大家都注意到博主是利用不多的休息时间写博客，并抱着万分专业的精神写下每篇解析评论心得，图文并茂，结构工整。支持博主，希望新的一年中，人气更旺，生活事业更顺利。

博客读者 EPreader

前　言

2008 年初，出于一个偶然的决定，我在搜狐开了一个博客。写博的初衷只是为了整理一下自己在商务图表、经营分析方面的知识结构，不想很快受到网友们的关注和喜爱。在网友们的口碑相传之下，这个博客成为中文领域内专注于商务图表的知名主题博客（http://ExcelPro.blog.sohu.com）。不少读者纷纷建议我写一本书，以便更系统地总结和分享经验，但当时我没敢贸然动笔，想先多多积累和沉淀再说。

经过一年多的整理和积累，我在 2009 年五一之后开始着手写这本书。写书和写博客完全不同，虽然各种图表的做法已经稔熟于心，但要形诸简洁、清晰、规范的文字，实在并非易事。6 个多月的业余时间写作，个中辛苦滋味不足为外人道也。初稿完成后，历经同行评审、网友试读、专家评审、编辑评审等阶段，以及反反复复的修改，最后才有了大家现在看到的这本书。或许还不够百分之百的完美，但我已倾尽全力地为读者负责，希望做到了无愧于心。

本书定位

这不是一本关于 Excel 软件操作的计算机图书，而是一本具有经管特色的、关于商务图表沟通方法与技巧的职场实用图书。

很多职场人士在工作中都会大量运用图表。目前市面上与图表相关的书籍主要有两类：

一类是关于图表操作的计算机图书，以 John Walkenbach 的《Excel 图表宝典》为代表。这类书主要讲软件的操作方法，如功能菜单、选项设置等，就是说如何用 Excel 做出一个图表来，解决 How 的问题。这类书往往大而全，很多内容学习了却不知道在哪里使用，且做出的图表始终无法摆脱 Excel 的痕迹，缺乏商务最佳实践，与我们看到的咨询图表、商业图表相比显得相形见拙，总是差那么一点专业气质。

另一类是关于图表规范的经管图书，据我所知目前仅麦肯锡的《用图表说话》一本。这本书是咨询图表的经典之作，介绍了麦肯锡咨询图表的制作规范，就是说专业的图表应该做成什么样子，解决 What 的问题。但这本书只说了好的图表应该做成什么样子，却没有说如何去做。而且这本书成书年代久远，相比现在的商业环境和 IT 手段，书中的内容多少显得有些过时和落伍。

本书所提及的地图均为在商业领域里分析经济数据之用，对没有经济数据的区域如南海诸岛一般省略绘制，与严格意义的地图有所区别。

因此，我写这本书的定位考虑，是希望将这两方面都结合起来，并根据实践经验增加多方面的内容：

- What 以《商业周刊》等杂志图表为最佳实践标杆，研究专业的商务图表应做成什么样子；
- How 以思路和方法为主，介绍如何使用最普及的Excel做出专业的商务图表；
- When 在何种应用场景下使用何种图表，即如何选择合适的图表类型；
- Why 以设计原则指导图表制作，从设计角度说明专业图表为什么要做成那个样子。

总之，本书将以顶级商业杂志的经典图表为标杆，通过大量精彩案例的分析，总结出一套简单实用、行之有效的方法，让普通人士运用普通的 Excel，制作出媲美杂志级水准的专业图表。

读者对象

本书适用于各类需要用到图表的职场人士，尤其是高端商务人士，包括：

- 经常制作Excel图表和PPT演示的专业数据分析人士，如市场、销售、财务、人力资源等方面的分析人员；
- 经常阅读商务报告和进行商业演示的职业经理人、中高层管理者等；
- 各类市场研究人员、金融研究人员、管理咨询顾问等专业人士；
- 希望能制作出专业水准商务图表的办公室白领人士；
- 为进入职场作准备的大学生朋友。

从软件掌握程度而言，本书需要读者对 Excel 图表具有初 ~ 中级以上的掌握程度。读者应该具有基本的 Excel 知识，知道如何创建一个图表，如何格式化图表元素，最好对函数与公式也有所了解。书中个别地方使用到了 VBA，但并不需要读者掌握编程，只要知道如何输入宏代码即可。

阅读指南

全书内容包括 8 章，各章之间循序渐进、环环相扣。

第 1 章分析商业杂志图表的特点，揭开其专业密码，告诉您如何突破常规，轻松制作具有专业外观的商务图表。

第 2 章介绍成为图表高手的技术准备，以及如何组织作图数据，如何运用辅助数据作图等，掌握这些鲜为人知的技巧，您将轻松玩转图表。

第 3 章介绍商业杂志上常见图表效果的实现方法和处理手法，让您再也不必羡慕商业杂志和咨询顾问的图表，因为您也可以手到擒来。

第 4 章介绍大量高级图表的制作方法，如 WaterFall、HeatMap、Bullet、Sparklines、Treemap 等图表，让您真正与国外最新最佳实践接轨。

第 5 章介绍如何选择合适的图表类型，避免图表类型选择的误区。

第 6 章介绍图表的设计和制作原则，有高屋建瓴的原则来指导，一切都会豁然开朗。

第 7 章介绍商业数据分析人士的最佳实践，让您的工作更加高效、流畅，节省出大量时间来与家人共享天伦之乐。

附录 A 介绍与图表相关的插件、博客、网站、图书等资源，并对 Excel 升级路线给出了建议。

我是根据实践的经历和经验来安排这个章节顺序的，读者也可以根据自己的情况和需求有选择性地阅读。第 1 章的方法，无论哪个层级的读者朋友，看了就可以上手应用、发挥价值。第 2 章是进阶高手的技术准备，有些是基础内容，更多的是高级技巧，为后续章节的学习打下基础。第 3、4 章逐步深入，从如何做出各种经典的图表效果，到如何制作各种高级类型的商业图表，内容非常丰富。第 5、6 章从理念上拔高，谈谈如何选择图表、如何设计图表。再回头看前面的内容，会有天高云淡、一览众山小的感觉。第 7 章和附录 A 则为更专业的数据分析人士提供进一步的交流探讨。

写作约定

本书在写作中力求以轻松、自然的语言来叙述。我选择用自己的话来讲述自己的经验，因为它们都来自于我个人的经验、经历和观点。唯有先打动自己，然后才能打动读者。

为使行文简洁、易于阅读，在需要介绍 Excel 作图操作步骤的时候，本书并没有完全遵循计算机书籍的写作规范。为减少对阅读的影响，书中少量示意插图未使用索引序号。

读者不必担心理解书中内容有困难，因为本书配备了大量精彩的范例源文件来帮助您的理解和学习。凡注有“范例”字样的，即表示有范例文档，其中包括详细的逐步截图和说明。对照书中内容动手操作，您将很轻松理解和掌握书中的方法和技巧，并且可以直接应用到工作中去。这也是本书与众不同的的亮点和价值所在。

适用版本

本书中的所有内容，均在 Excel 2003 版本中完成，适用于 Excel 97~Excel 2010 所有版本。个别地方在 Excel 2007/Excel 2010 中已不支持或已有更好做法的，也进行了说明。

事实上，因为本书介绍的重点是商业图表设计和制作的思路、方法和原则，而非软件操作技巧，所以并不依赖于某种软件及其某种版本。在 WPS Office、OpenOffice 等其他电子表格软件中，书中介绍的绝大部分方法和技巧仍然适用。

范例文件

本书的重要特色之一，就是配备了大量精彩的范例源文件。其中包含了非常具体的操作步骤和说明，模板化的设计更让读者拿来就可以直接修改使用，几乎是即插即用。

- 下载地址：http://www.broadview.com.cn/31313
- 解压密码EP-FUV59-FJK41-SXM58

联系方式

因本人知识和能力所限，书中纰漏之处在所难免，恳请读者朋友们不吝批评指正。这并不是例行的客套话，我在博客上专门开设了本书的勘误贴、答疑贴和书评贴，真诚期待您的宝贵意见和建议。

新浪微博：@ 刘万祥 ExcelPro

电子邮箱：ExcelPro2008@gmail.com

微信公众号：Excel 图表之道（iamExcelPro）

致谢

感谢博文视点的周筠老师，她仅仅在浏览了我博客的情况下，就决定帮我出这本书，并在写作过程中给予我极大的指导和鼓励。感谢本书的评审专家孔文达老师、杜茂康老师和胡江堂老师，他们细致的审核把关保证了本书的质量。感谢本书的编辑、设计团队梁晶、杨小勤、胡文佳、陈晓雪，在他们的努力下，一份普通的书稿才变为精美的图书。

感谢众多博客读者的支持和鼓励。正是在他们的建议和鼓励下，我才有了写书的想法、勇气和信心，并坚持下来完成这个目标。在书稿完成后，他们又给出了很多宝贵的意见和建议，让本书更加臻于完善。

最后，我要衷心感谢我的家人。没有他们的理解和支持，就没有这本书，相比他们的付出，任何感激的语言都是无力的。

刘万祥

读者服务

轻松注册成为博文视点社区用户（www.broadview.com.cn），您即可享受以下服务：

- 提交勘误：您对书中内容的修改意见可在【提交勘误】处提交，若被采纳，将获赠博文视点社区积分（在您购买电子书时，积分可用来抵扣相应金额）。
- 与作者交流：在页面下方【读者评论】处留下您的疑问或观点，与作者和其他读者一同学习交流。

页面入口：http://www.broadview.com.cn/31313

二维码：

目　录

第 4 章　高级图表制作 / 103

第 5 章　选择恰当的图表类型 / 147

第 1 章

一套突破常规的作图方法

在今天的职场，用数据说话、用图表说话，已经蔚然成风，可以说是商务人士的标准做法。一位台湾商业领袖曾说过："给我 10 页纸的报告，必须有 9 页是数据和图表分析，还有 1 页是封面。"这话或许有些过头，但却说明了数据图表的重要性。

数据图表以其直观形象的优点，能一目了然地反映数据的特点和内在规律，在较小的空间里承载较多的信息，因此有"一图抵千言"的说法。特别是在读图时代的今天，显得更加重要和受欢迎。所谓"文不如表，表不如图"，也是指能用表格反映的就不要用文字，能用图反映的就不要用表格。

一份制作精美、外观专业的图表，在我看来至少可以起到以下 3 方面的作用：

- **有效传递信息，促进沟通。**这是我们运用图表的首要目的，揭示数据内在规律，帮助理解商业数据，利于决策分析；
- **塑造可信度。**一份粗糙的图表会让人怀疑其背后的数据是否准确，而严谨专业的图表则会给人以信任感，提高数据和报告的可信度，从而为您的商务报告大大增色；
- **传递专业、敬业、值得信赖的职业形象。**专业的图表会让您的文档或演示引人注目，不同凡响，极大提升职场核心竞争力，为个人发展加分，为成功创造机会。

可是，在我们平时的工作中，见到的却大多是平庸的、粗糙的，甚至是拙劣的 Excel 图表和报告。图表制作者们不知道或者是懒得去修改那些默认的设置，任其粗糙不已，这样的图表又如何能让人相信其背后的数据是准确的呢？那些精美专业的图表似乎只能在商业杂志或咨询报告中看到，普通职场人士似乎可望不可及。

1.1 专业图表的特点分析

商业图表的标杆一般来源于两个领域：一是如《商业周刊》、《华尔街日报》、《纽约时报》这样的世界顶级的商业杂志，二是罗兰·贝格、麦肯锡等世界顶尖的咨询公司。这些顶级商业杂志或是咨询公司，一般都有专门的图表部门或图表顾问团队，负责设计和制作图表，或是制定统一的图表规范，这就是它们的图表与众不同的原因。

以专业杂志领域为例，《商业周刊》一直是商业图表的业界领导者，其图表为各界商业精英所喜爱，也为众多竞争对手所仿效，让我们看看它们的图表究竟专业在哪里。

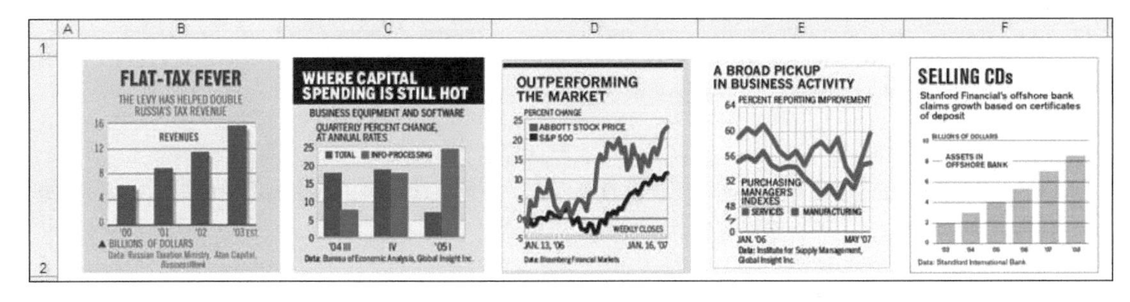

图1–1 不同时期的《商业周刊》图表风格　例图来源：《商业周刊》网站。

图 1–1 中的例图显示了《商业周刊》在不同时期的图表风格，总体的趋势是向简洁演变。

B2 的图表是较为早期的风格，用色深沉却极具商务感，一般绘图区的填色较图表区要浅，网格线仅使用水平的横线，左下角的三角形符号▲是其个性化较强的处理手法。

C2 的图表是 2003 年左右的风格，用色大胆鲜艳，以黑底白字的标题为突出特色，绘图区按网格线隔行填色也是其重要特征之一。

D2、E2 的图表是 2006 年左右的风格，逐渐减少背景色，非数据元素多使用淡色。

F2 的图表是 2008 年后的全新风格，以简洁为最大特色，基本没有装饰性的东西。用色轻快时尚，黑色的网格线处于图表最前面是其特点之一。

从这些例图，以及本书后面所引用的大量成功图表案例中，我们可以看到专业的图表至少具有以下特点：

1. 专业的外观

它们的图表都制作精良，显得专业协调。我们或许不知道它专业在哪里，但有一点可以确定，那就是在它们的图表中很少能看到 Office 软件中默认的颜色、字体和布局。而这些都正是构成专业外观的重要方面。

2. 简洁的类型

它们的图表都只使用一些最基本的图表类型，绝不复杂。不需要多余的解释，任何人都能看懂图表的意思，真正起到了图表的沟通作用。

3. 明确的观点

它们在图表的标题中明白无误地直陈观点，不需要读者再去猜测制图者的意思，确保信息传递的高效率，不会出现偏差。

4. 完美的细节

请注意它们对每一个图表元素的处理，几乎达到完美的程度。一丝不苟之中透露出百分百的严谨，好像这不是一份图表，而是一件艺术品。在很大程度上，正是这些无微不至的细节处理，才体现出图表的专业性。而这往往是我们普通图表不会注意到的地方。

1.2 你也能制作出专业的图表

每次看着那些制作精良、令人赏心悦目而又极具专业精神的图表，我就在心里琢磨，这些专业的图表都是如何制作出来的呢？我有没有办法做到呢？相信很多人都有过这样的疑问。

在一次网络搜索中，我看到国内领先的商业杂志《财经》招聘图表编辑的启事，其中一条要求是：

精通 Illustrator、FreeHand、CorelDraw、PhotoShop、3ds Max 等图形、图像处理软件，能制作专业水平的商业图表。

由此可见，专业杂志上的图表制作主要会使用到这些专业级的大型图形、图像软件。

然而，作为普通的职场商务人士，我们显然不可能也没有必要，为了制作一份图表而去学习这么多偶尔才需要用到的专业软件，因为这里面的代价太大：

- **获取成本。**要获得这些软件，需要不菲的代价，现在版权意识逐渐普及，我们也不可能总是使用盗版；
- **学习成本。**这些专业软件每一款都要远比 Office 复杂，不要说精通，就是简单掌握都不是件容易的事情。如果只学一点皮毛的话，又有杀鸡用牛刀的感觉，实在辜负了这些软件的强大功能；
- **协同成本。**你用专业软件制作的图表，别人无法编辑修改，这将带来很多不必要的麻烦。

那么，我们普通的职场人士，怎样才能制作出专业效果的图表呢？

经过长期的琢磨和研究，我摸索出一套方法，只用普通的 Excel 也能制作媲美专业效果的商业图表。这套方法有如下特点：

- **定位高端。**以世界最顶尖商业杂志的经典图表为标杆，研究商业图表的最佳实践，学习最专业的做法，让你的图表一看就是出自专业人士的手笔；
- **落地可行。**不需要借助复杂的专业软件，只需要人人皆会的 Excel。Excel 不一定是最好的作图软件，但肯定是最普及的作图软件，几乎所有的职场人士都会用到它。

这套作图方法也并不复杂，我们只需要做到以下 3 点：

- **突破常规的思路**。只有突破常规，才能与众不同，才能臻于专业。如果只用一句话来描述这种方法的要点，那就是“永远不要使用 Excel 图表的默认设置”；
- **一点点配套技术**。并不需要多么复杂高深的技术，因为重点在思路。我们只需要一点点配套技术而已，人人皆可掌握，我们在第 2 章会进行介绍；
- **专业主义的态度**。你要有把图表做到专业的意愿和态度，愿意为了追求专业而做出努力，尤其是那些常人易于忽视的细节之处。

本章后面的内容，就为大家详细介绍这一方法，让我们开始吧。

1.3 突破Excel的默认颜色

在我看来，普通图表与专业图表的差别，很大程度就体现在颜色运用上。大家可能会有这样的经历，你看到某个很专业的商业图表，它的样式你用 Excel 就可以做得差不多，但是它的颜色却无法调出来。

我们普通用户作图表，会受 Excel 默认颜色的限制，而无法使用其他颜色。这么多年来大家都用这套颜色作图，看得多了就太熟悉了，别人一看就知道是用 Excel 做的，还会感觉你挺懒的，连默认设置都懒得修改。

而专业人士作图表，他们用的颜色就透露出专业精神。他们不管用什么软件作图，都极少会使用软件默认的颜色，而是使用他们自己选定的颜色，形成自己的风格。因此，制作专业图表的第一步，就是要突破 Excel 的默认颜色。

Excel的颜色机制

首先让我们了解一下 Excel 的颜色机制[1]。

在 Excel 2003 中，当我们为单元格或图表设置颜色时，Excel 提供了一个 7 行、8 列共 56 个格子的填充颜色工具栏。前 5 行称之为标准颜色，后两行是 Excel 图表默认使用的颜色。其中第 6 行的颜色用于图表填充，第 7 行用于图表线条，根据数据系列的多少，依次往后顺序使用。Excel 图表饱受病诟的绘图区灰色填充，就是来源于第 4 行第 8 列的颜色。如图 1–2 所示。

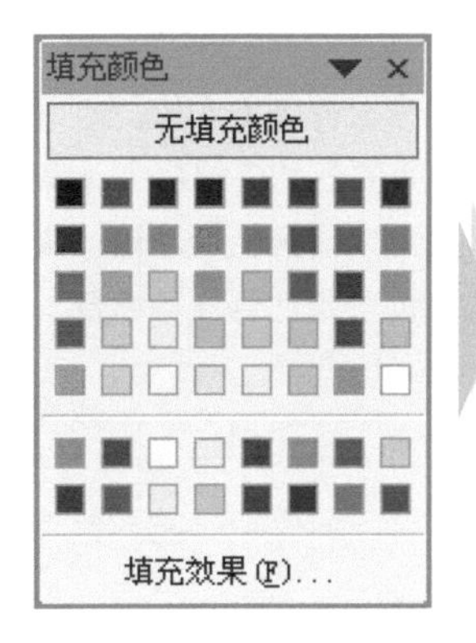

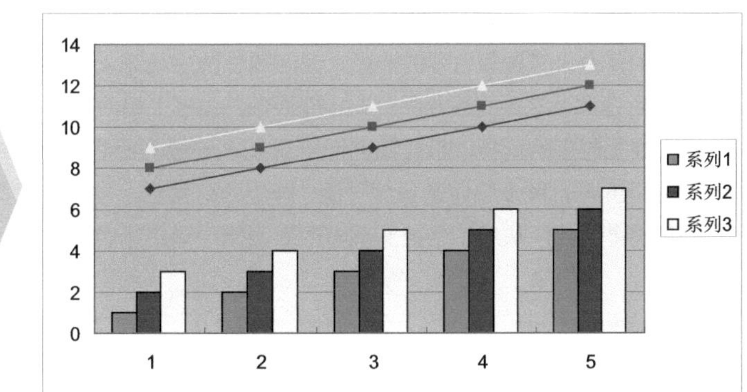

图1–2 Excel的默认颜色面板，图表的默认颜色来源于最后两行

对绝大部分用户来说，这就是在 Excel 中可以用到的所有颜色，除此之外再无其他的选择。所以做出的图表也跳不出这 56 个颜色的范围，甚至只是最后 16 个颜色的范围。从设计角度看，这个默认的颜色模板是很业余的，特别是最后两行用于图表的颜色非常难看，导致做出的图表在颜色上就令人忍无可忍。

但事实上这只是 Excel 的默认颜色，我们可以进行修改，只是大多数人没有想到而已。这 56 个格子里的每一个，都可以修改为任意想要的颜色。所以，我们在 Excel 中使用颜色其实是没有限制的，前提是需要我们做一点点改变。

1 本节以Excel 2003讲解，Excel 2007以上版本请关注作者微信公众号“iamExcelPro”回复关键字“颜色机制”了解。

定义自己的颜色

选择菜单“工具→选项→颜色”，我们可以看到 Excel 的颜色模板及其修改入口，如图 1–3 所示。

在左边的颜色格子中，选择任意一个，点击修改按钮，出现“颜色”对话框。在“标准”选项卡中，我们可以选择很多预设的颜色。在“自定义”选项卡中，我们可以通过输入特定的 RGB 值来精确指定颜色，这里就是我们用来突破默认颜色的地方。（说明：计算机一般通过一组代表红、绿、蓝三原色比重的 RGB 颜色代码来确定一个唯一的颜色，如 0,0,0 代表黑色。）

这里虽然有无穷种颜色可供选择，但问题也随之而来。我们并不是专业的美工人员，如何确保选择到协调、专业的颜色呢？要知道很多人为早上出门时衣服、领带的颜色搭配都会头痛不已。往往是越多的选择，越让我们无所适从。一般人士也不大可能去深入研究色彩理论，即使我们使用色彩轮傻瓜软件选择到一组“好看的”颜色，也没有把握它就一定适合商务场合。因此，我的建议就是从成功的商业杂志图表案例中借鉴颜色。

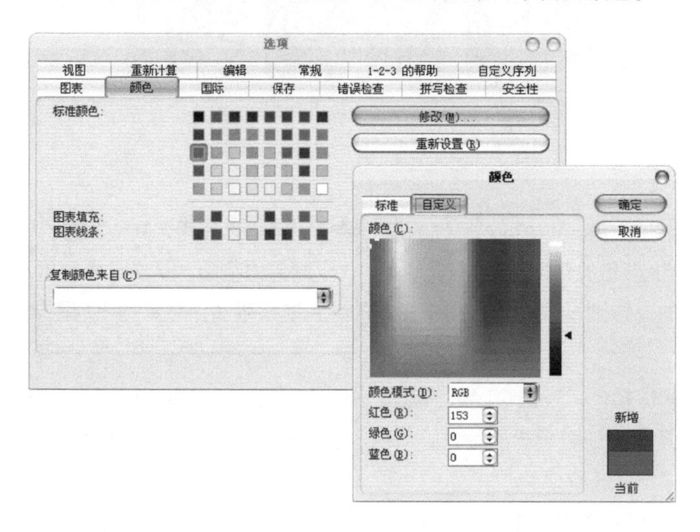

图1–3 通过设置RGB颜色代码，可以在Excel中指定任意需要的颜色

拾取杂志图表的配色

从优秀商业杂志上的成功图表案例借鉴其配色方案和思路，是一种非常保险和方便的办法。因为它们的图表颜色是经过专业人士精心设计的，其风格确保了适合于商务场合。

我们可以在网络上找到很多顶尖商业杂志的电子版，在里面找到满意的图表案例，然后借鉴它的配色方案。这里需要用到屏幕取色软件，推荐使用一款叫作 ColorPix 的绿色小软件，可在以下地址下载：

http://www.colorschemer.com/colorpix_info.php。

ColorPix 的使用非常简单。运行程序后，将鼠标定位在图表的某个颜色上，软件就会返回那个颜色的 RGB 值。按下空格键锁定颜色，用鼠标点击 RGB 后面的数值，就可以将颜色代码复制到剪贴板。如图 1-4 所示。范例

按照图中以上步骤，取出杂志图表所用到的颜色，然后运用上一节介绍的方法，在 Excel 中进行自定义配置，作图的时候就可以方便地使用这些颜色了。

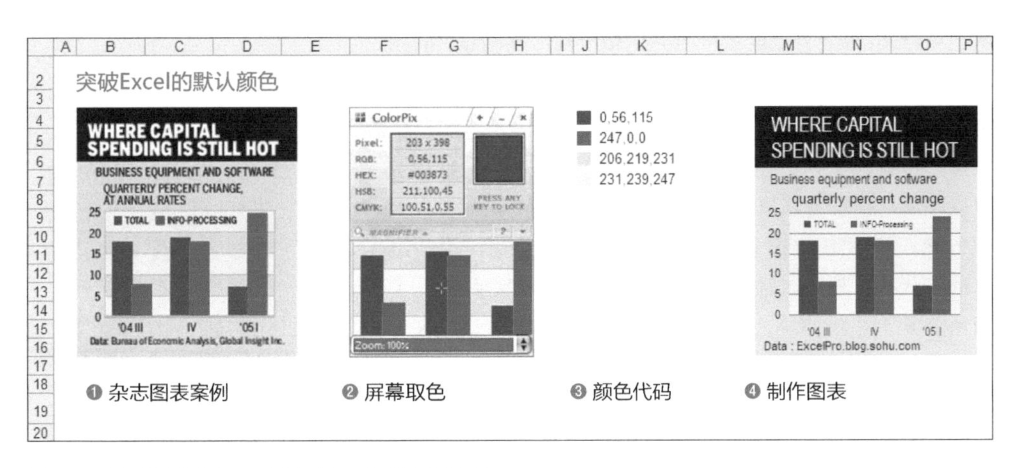

图1-4 运用屏幕取色软件拾取成功图表案例的配色方案

自动设置颜色模板

如果需要自定义比较多的颜色，手动设置无疑是比较繁琐和低效的，我们需要找到一种高效率的方法。

经过反复测试，我整理出 Excel 颜色面板中 56 个格子的颜色引用代码，如图 1–5 所示。第一行第一个格子为 color(1)，第二个格子为 color(53)，依次类推。这个数字排列实在是够乱的，除了最后两排外没有任何规律。

知道引用代码后，我们只要通过 VBA 改变 color(n) 的属性，那么对应格子的颜色就会改变。例如在图 1–4 中我们已经拾取了 4 种颜色的 RGB 值，现在要把它们设置到颜色面板的第一行的前 4 个格子，只需运行如下的宏代码：

```
Sub SetMyColor()
    ActiveWorkbook.Colors(1) = RGB(0,56,115)
    ActiveWorkbook.Colors(53) = RGB(247,0,0)
    ActiveWorkbook.Colors(52) = RGB(206,219,231)
    ActiveWorkbook.Colors(51) = RGB(231,239,247)
End Sub
```

宏一运行完，颜色就已配置好，前4个格子就是我们想用的颜色。范例

有了这个技巧，即使配置 56 个格子的颜色也只是分分钟的事情，配置自己的颜色模板变得轻松快捷。您可以尽情从杂志上获取满意的图表配色方案，然后把 RGB 值交给这个简单的宏代码，就可以轻松制作自己的颜色模板了。

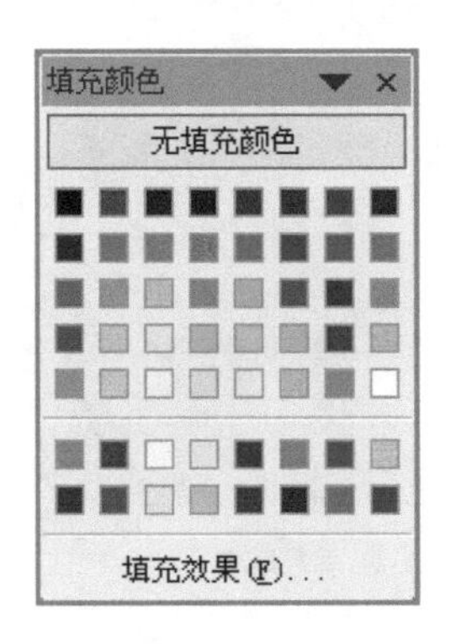

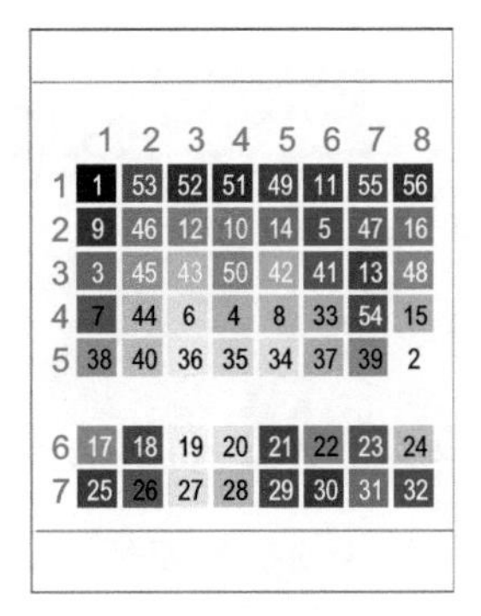

图1–5 颜色面板各位置颜色的引用代码

保存和复制颜色模板

采用前述方法自定义的颜色模板，保存在普通的 .xls 文件中。如果你做了颜色修改，希望以后每次新建 Excel 文件时都自动采用这种颜色模板，则需要把这个文件另存为后缀名为 .xlt 的模板文件，如：

```
C:\Program Files\Microsoft Office\OFFICE11\XLSTART\book.xlt。
```

如果我们从其他地方获得了一个包含满意配色的 .xls 文件，那么可以将其颜色模板快速复制到自己的 .xls 文件来使用。操作方法是：

1. 同时打开源文件和目标文件；
2. 在目标文件中打开“工具→选项→颜色”，在“复制颜色来自”的下拉框中选择源文件名（参见P 8 图1-3的左下角），确定后即将源文件中的颜色模板全盘复制到目标文件中。

商业图表的经典用色

下面列举一些顶级商业杂志上的经典图表用色，供读者欣赏和参考。

图 1-6 是来自《经济学人》的图表案例。这个杂志的图表基本只用这一个颜色系，或做一些深浅明暗的变化，加上左上角的小红块，成为其专业图表的招牌样式。欧洲最大的战略咨询公司罗兰·贝格也非常爱用这个颜色，有时配合橙色使用。事实上，但凡标榜自己为专业服务公司的，多会使用这一色系，而根据色彩理论这个颜色正是专职、专业的代表色。

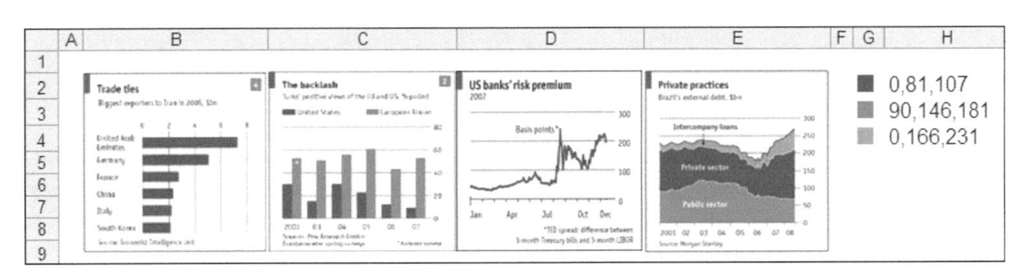

图1-6 《经济学人》常用的水蓝色系　例图来源：《经济学人》网站。

图 1–7 是来自《商业周刊》的图表案例。前几年的《商业周刊》图表，几乎都使用这种蓝红颜色组合，也是其图表的招牌风格。这个配色应该来源于《商业周刊》杂志当时的视觉识别系统，我记得当时其封面上就是使用蓝色和红色的组合。

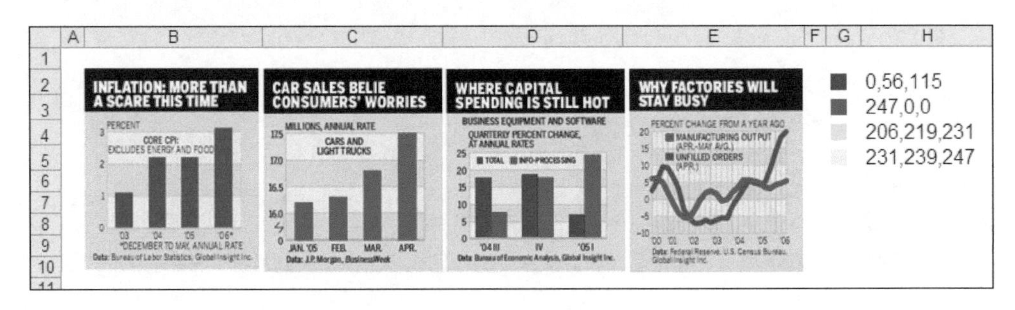

图 1–7 《商业周刊》经典的蓝红组合色　例图来源：《商业周刊》网站。

图 1–8 也是来自《商业周刊》的图表案例。2008 年之后，《商业周刊》启用了全新的图表风格，用色颇有当前流行的 Web2.0 视觉风格，图表简洁、清爽、时尚，是当今商业图表的标杆。一些台湾杂志图表甚至完全模仿这个风格，我们当然也完全可以全盘学习。

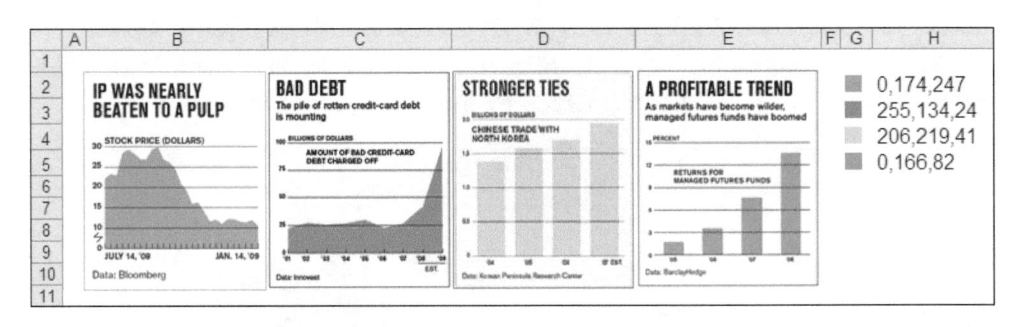

图1–8 《商业周刊》2008年全新配色　例图来源：《商业周刊》网站。

图 1–9 是来自《华尔街日报》的图表案例。因为是一份报纸，所以图表多是黑白的颜色，但就是这种简单的黑白灰组合，做出的图表仍然可以非常专业，着色也非常容易。黑白灰配色本身是时尚色彩中的永恒经典，你可以看到很多大牌女星都对其钟爱有加，经常这样搭配穿衣。

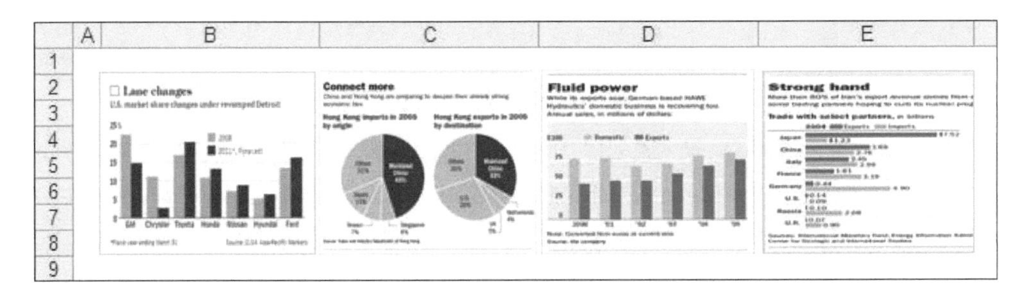

图1–9 《华尔街日报》常用的黑白灰 例图来源：《华尔街日报》网站。

图 1–10 也是来自《商业周刊》的图表案例。最为强烈的黑白对比，绝对吸引眼球。黑底的图表其特点非常鲜明，合适的时候可以试一试。但注意不要做得像麦肯锡那一套，有些刺眼，也被它们用滥了。

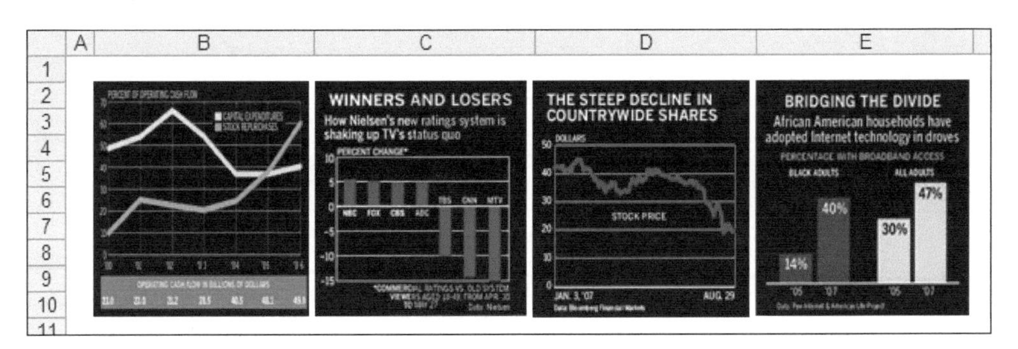

图1–10 黑底图表 例图来源：《商业周刊》网站。

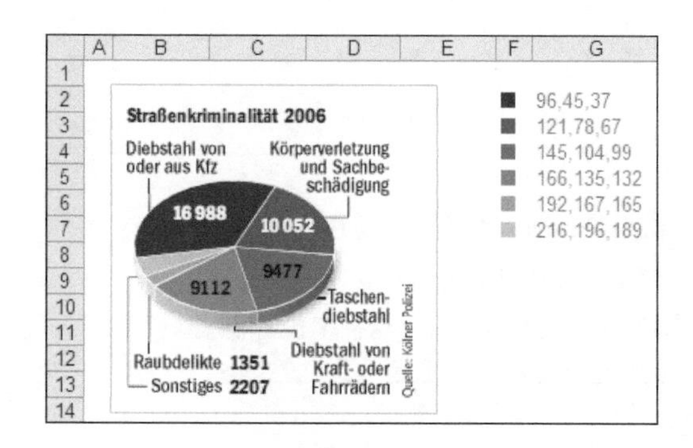

图1-11 使用同一色调的变化 例图来源：*Focus*杂志。

图 1–11 是来自 *Focus* 的图表案例。如果对配色没有把握，又想使用彩色，则可以在一个图表内使用同一颜色的不同深浅明暗。这种方法让我们既可以使用丰富的色彩，又能确保协调自然，是一种很保险的方法，不会出大的问题。一般可将最深或最亮的颜色用于最需要突出的系列或数据点。

图 1–12 也是来自 *Focus* 的图表案例。尽管我们不建议对只有一个数据系列的柱形图使用变化的颜色，但不可否认，*Focus* 的这组颜色是非常精彩的，让图表非常吸引眼球。此例中的颜色均为相应组织的代表色，故可以在柱形图中使用颜色变化。

图 1–13 是来自《商业周刊》的图表案例。《商业周刊》图表的颜色总是令人印象深刻，这种黄绿色和黑色、灰色的搭配，显得非常独特、专业。事实上，《商业周刊》经常将黑色、灰色与其他颜色（如红色、蓝色等）搭配使用，总有不俗的表现。

大家平时可以做个有心人，遇到自己喜欢的图表案例时注意保存下来，将其用色拾取下来定义到 .xls 文件，形成自己的颜色模板库，需要的时候就可以随时取用了。

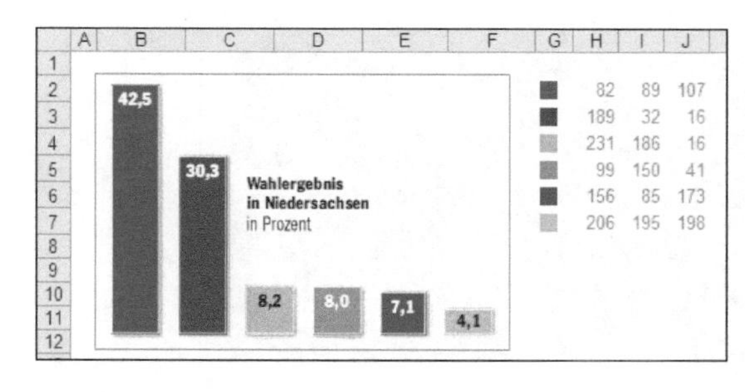

图1-12 *Focus*杂志常用的标志性配色
例图来源：*Focus*杂志。

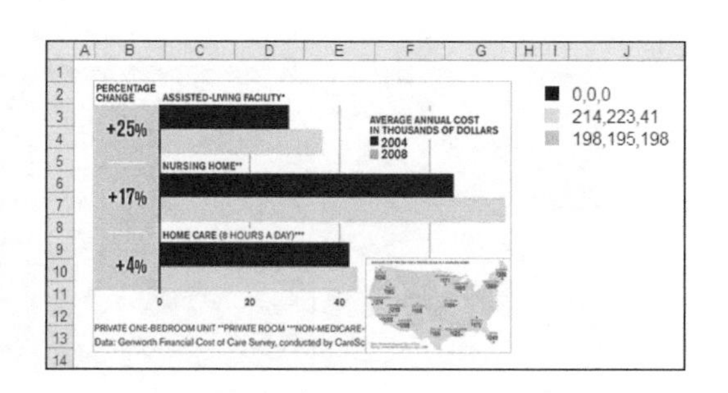

图1-13 将黑色与其他颜色搭配，常有不俗的表现
例图来源：《商业周刊》网站。

1.4 突破Excel的图表布局

在解决了图表的用色之后，我们还需要在图表的布局上向商业图表学习。不同领域的图表有不同的外观布局风格，如社会统计、工程技术、公司商务等领域。制作专业图表的第二步，就是要突破 Excel 图表的默认布局。

默认布局的不足

在 Excel 中作图，无论选择何种图表类型，无论数据点多少，生成图表的默认布局都如图 1–14 的样式，整个图表中主要包括标题区、绘图区、图例区 3 个部分。

在绝大部分情况下，人们似乎都认为图表的结构应该如此，很少有人想到去改变它。但在这种布局里，存在很多问题，如：

- 标题不够突出，信息量不足
- 绘图区占据了过大的面积
- 绘图区的四周浪费了很多地方，空间利用率不高
- 图例在绘图区右侧，阅读视线往返跳跃，需要长距离检索、翻译

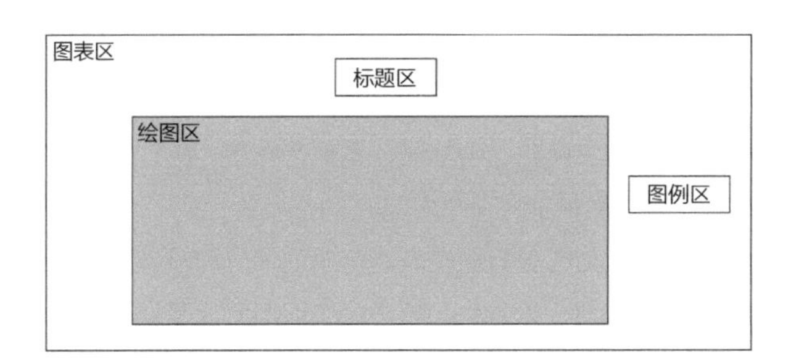

图1–14 Excel默认的图表布局

商业图表的布局特点

如果我们注意观察商业图表的布局，会很少发现有这种大路货的样式。图 1–15 是对一个典型商业图表案例的构图分析，从上到下可以抽象出 5 个部分：

- 主标题区
- 副标题区
- 图例区
- 绘图区
- 脚注区

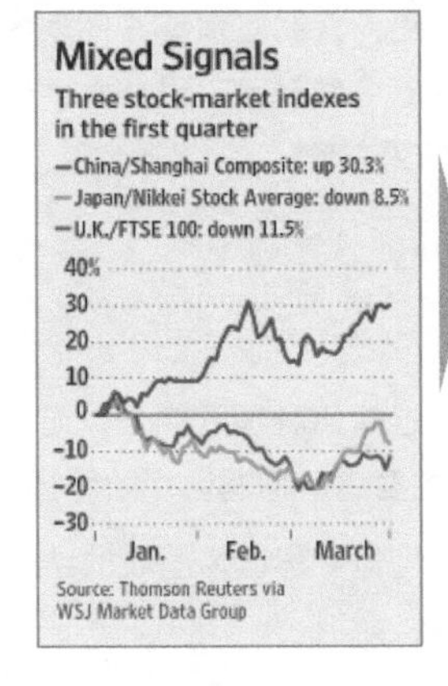

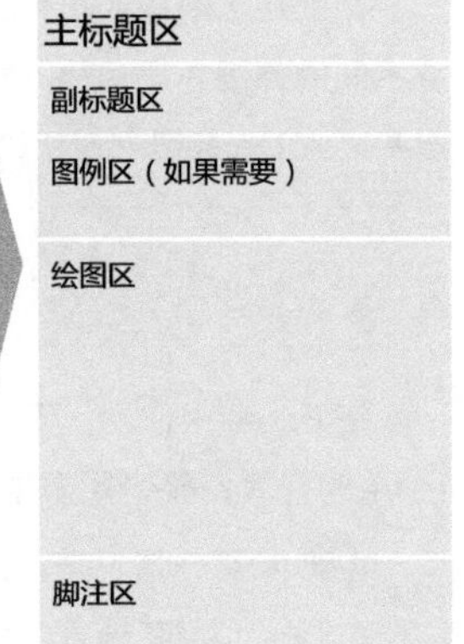

图1–15 商业图表的构图分析
例图来源：《华尔街日报》网站。

如果我们带着这个框架，再回头看第 1.3 节中所列举的图表案例，你会发现几乎所有的专业图表都符合这一构图原则，这就是隐藏在专业图表背后的布局指南。由此看来，商业图表的布局至少有 3 个突出的特点：

1. 完整的图表要素

在这种布局中，图表所包含的要素更加丰富：主标题、副标题、图例、绘图、脚注，分别对应于图 1–15 中的 5 个区域。除图例外，其他元素都是必不可少的。

商业图表会充分利用这些要素，发挥其作用。如在主标题中表达明确的信息和观点，在副标题中进行详细的论述，甚至在图例中给出对每个系列的分析。利用详尽的图表注释，为图表提供更完整的信息。

2. 突出的标题区

标题区非常突出，往往占到整个图表面积的 1/3 甚至 1/2。特别是主标题往往使用大号字体和强烈对比效果，自然让读者首先捕捉到图表要表达的信息。副标题区往往会提供较为详细的信息。

真正的图表也就是绘图区往往只占到 50%左右的面积，因为这样已经足够我们看清图表的趋势和印象，硕大无比的图形反而显得很粗糙。

3. 竖向的构图方式

商业图表更多采用竖向构图方式，通常整个图表外围的高宽比例在 2∶1 到 1∶1 之间。图例区一般放在绘图区的上部或融入绘图区里面，而不是 Excel 默认的放在绘图区的右侧，空间利用更加紧凑。

竖向构图还有一个好处是阅读者目光从上至下顺序移动而不必左右跳跃，避免了视线长距离检索的问题，阅读自然而舒适。

当然也不是说不能用横向构图，在需要横向构图的情况下，应该顺其自然，甚至使用类似宽屏的构图。由于图表的长宽比例会影响图表的视觉印象，如放大或缩小差异、趋势等，因此要注意所有图表应尽量保持一致的长宽比例。

另外，Excel 有一种在 *X* 轴下方添加数据表的布局结构，因为数据表所占据的面积过大，且格式设置的限制较大，建议不要使用。如果需要数据表，可单独绘制表格，灵活性更大。

商业图表的字体选择

谈到了布局，因为与排版有关，所以不得不谈谈字体。

英文字体分为有衬线（serif）和无衬线（sans serif）两大类，就像酒分为红酒和白酒两大类。衬线是指笔画起始和结束处的装饰，其作用是强化笔画的特征，从而使得阅读和识别更为容易。在我们常见的英文字体中，Times New Roman 和 Arial 分别是有衬线字体和无衬线字体的代表。在中文字体中，宋体和黑体分别是有衬线字体和无衬线字体的代表。如图 1–16 所示。

商业图表非常重视字体的选择，因为字体会直接影响到图表的专业水准和个性风格。根据我观察，商业图表的字体多选用无衬线类字体。如《商业周刊》的新图表，其中的阿拉伯数字使用的是专门订制的 Akzidenz Grotesk condensed bold 字体，风格非常鲜明，见图 1–17。

一般而言，常规安装 Excel 后，新建的文档会默认使用宋体、12 磅字体，普通人士也很少会想到去改变它。由于阿拉伯数字的原因，在这种设置下做出的表格、图表很难呈现出专业的效果。为简单起见，我们建议对图表和表格中的数字使用 Arial 字体、8~10 磅大小，效果就比较好，在其他电脑上显示也不会变形。Arial 字体是微软仿照著名的 Helvetica 字体制作的，一般人不仔细研究是无法看出它们之间的区别的。

有衬线	Times New Roman	123456
	宋体	123456
无衬线	Arial	123456
	黑体	123456

图1–16 有衬线字体和无衬线字体

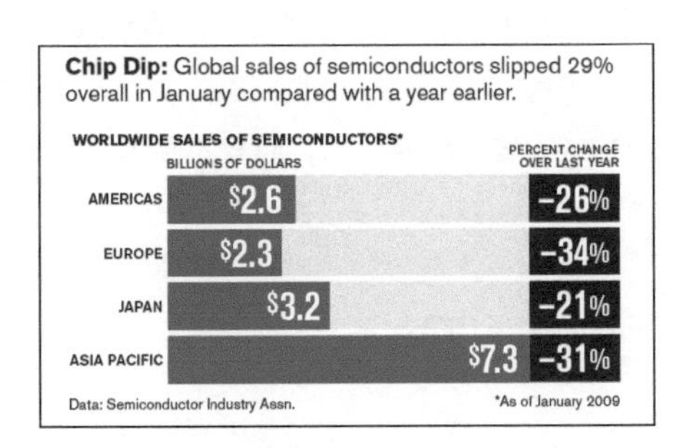

图1–17 图表中的字体选择
例图来源：《商业周刊》网站。

1.5 突破Excel的作图元素

平时我们制作 Excel 图表，一般是通过图表按钮或者菜单来插入图表，然后就对生成的图表对象，通过调整各种选项、参数，进行相应的格式化设置。但这样做的时候，会发现很多商业图表的专业效果，仅用图表选项设置并无法做到。因此，制作专业图表的第三步，就是要突破 Excel 的作图元素。

跳出图表的框框

要实现一些“不可能”的图表效果，我们要转换一下思路，跳出图表对象这个框框。我们不必只是用“图表”来作图表，而是要运用“图表＋所有 Excel 元素”来作图表。诸如单元格、文本框、自选图形等非图表元素，只要方便我们完成任务，都可以拿来运用，而完全不必受图表功能的束缚。

一旦我们突破这个框框的限制，思路就会豁然开朗——啊，原来还可以这样做，很简单嘛，我也会！

商业图表的做法分析

下面我们通过一些具体的例子来说明这种做法。我在案例图表的周围加上了模拟的 Excel 行列号和网格线，以反映出在 Excel 中可能的做法。

图 1–18 是商周二代图表的典型风格。请注意黑底白字的标题非常突出，自然吸引阅读者的目光。如果仅用标题元素是无法设置出这种样式的。

其实它并没有使用图表的标题元素，而是将标题放在单元格 B2 中，并设置为黑底白字的格式。副标题在 B3、B4 中，真正的图表放在 B5 中，数据来源放在 B6 中，B3:B7 填充浅蓝色。图表是无框透明的，或使用与单元格底色相同的填充颜色。整个 B2:B7 区域融合成为一个完整的图表。范例

此图中绘图区的交替填色效果做法请参见第 3.1 节的内容。

图 1–19 是《商业周刊》新风格的图表，非常简洁。主标题在 B2，副标题在 B3，图表在 B4，图表中放置了 2 个文本框，数据来源在 B5。B2:B5 填充白色，黑色边框线，成为一个整体的图表。虽然仅用图表元素也可以做出例图中的效果，但是如果借用单元格来做，操作将更加方便快捷。范例

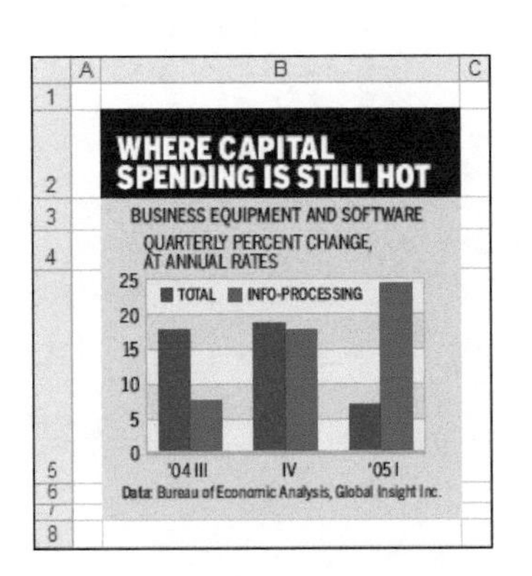

图1–18 《商业周刊》风格图表
例图来源：《商业周刊》网站。

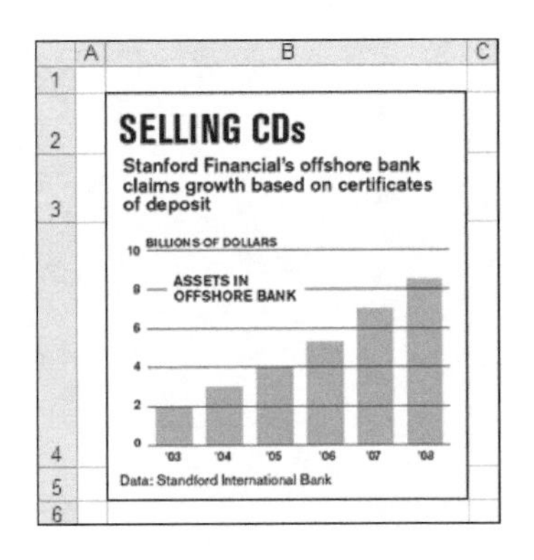

图1–19 《商业周刊》新风格图表
例图来源：《商业周刊》网站。

图 1–20 是来自《华尔街日报》的图表案例，与上面的做法完全相同。主副标题分别在 B2、B3，图表在 B4，图例放在绘图区的上面，脚注在 B5、B6。B2:B7 区域填充浅灰色，整体成为一个图表。范例

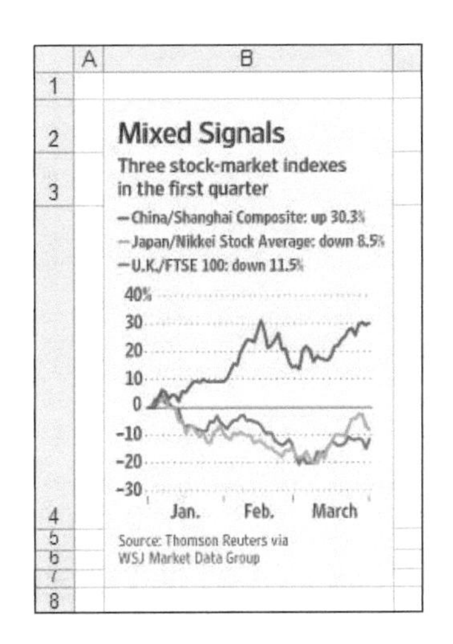

图1-20 《华尔街日报》风格图表
例图来源：《华尔街日报》网站。

图 1–21 是来自英国《经济学人》的图表案例，这个杂志的图表一贯维持这种风格，几乎从不变化。左上角标志性的小红块，可以是 B2 单元格的填充色，也可以是一个矩形框，右边的序号方块则是一个文本框。主副标题分别在 C2、C3，图表在 C4，数据来源在 C5。B2:C5 区域加上边框线，整体成为一个图表。范例

图 1–22 中，请注意图表的边框线很特别，变成了 3 条横线，显然并非图表的边框线元素，它其实是第 4 行和第 6 行的单元格边框线而已。左上角的个性化横条是 B2:E2 的填充色，主副标题分别在 C3 和 C4，真正的图表在 C5:H5，注释在 C6、C7 中。B2:I7 整体成为一个图表。范例

这个图表中还有一个技巧，它把坐标轴的分类标签放置在条形图中间的空白位置，节省了整个图表的空间，请参见第 3.2 节的内容。

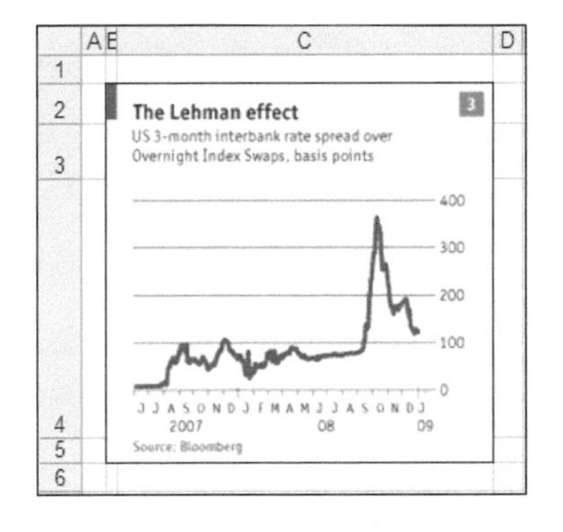

图1–21 《经济学人》风格图表
例图来源：《经济学人》网站。

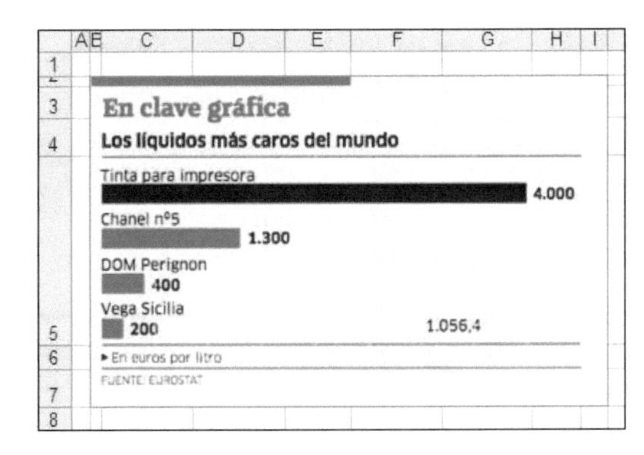

图1–22 图表中的横线
例图来源：互联网。

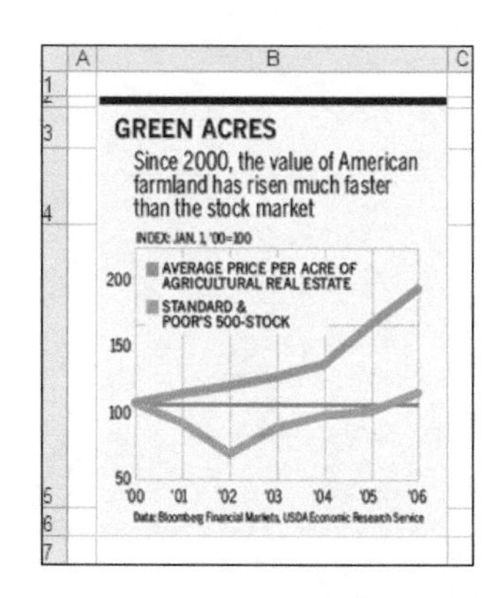

图1-23 用文本框自行绘制的图例
例图来源：《商业周刊》网站。

图 1–23 中的图例显得很特别，曲线图的图例为什么是个方块呢？其实它并没有使用图例元素，而是一个放置在图表上面的文本框而已，两个方块是特殊符号，被设置为与曲线相同的颜色。范例

为什么要利用文本框来做图例呢？还是为了灵活性。这个图例中的文字特别长，用图例元素将会自动换行而不受控制，而用文本框则完全可控。另一方面也显得很有个性，商业周刊的很多图表，经常曲线图的图例是方块，条形图的图例却是圆点，出其不意，给人一些新意。

图中最上面的细黑条，是单元格 B2 的填充色，也是图表编辑们经常用来形成风格的地方。

图 1–24 中的处理方法，让读者可以比较半年时的情况。很显然，软件不可能提供这种图例，它是用自选图形绘制的个性图例，组合后放到图表上面。

图 1–25 中，图表下面的表格类似于 Excel 图表的数据表，但其格式远比数据表要丰富。可以想像表格在单元格 C4:H7 中，图表放置在 B2:I2 中，它们只是被“放”到一起而已。一般来说，不建议使用 Excel 图表的数据表选项，它的格式化限制太大，用单元格表格则更灵活。

事实上，如果你看了第 2.2 节的照相机拍照技术，这个图表可能更简单：下面的表格是从其他地方引用过来的拍照对象，放置在图表的下方。

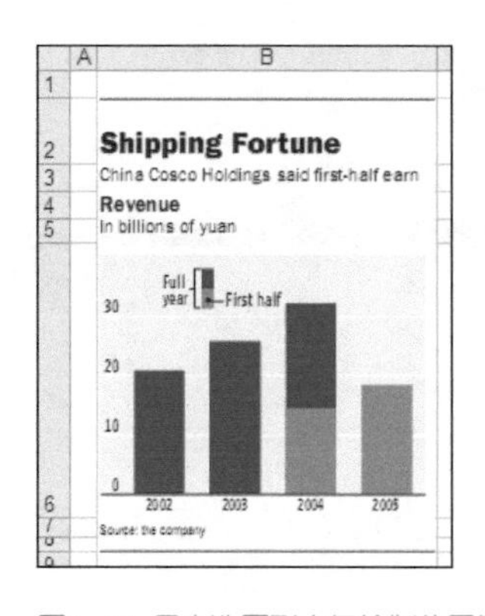

图1-24 用自选图形自行绘制的图例
例图来源：《华尔街日报》网站。

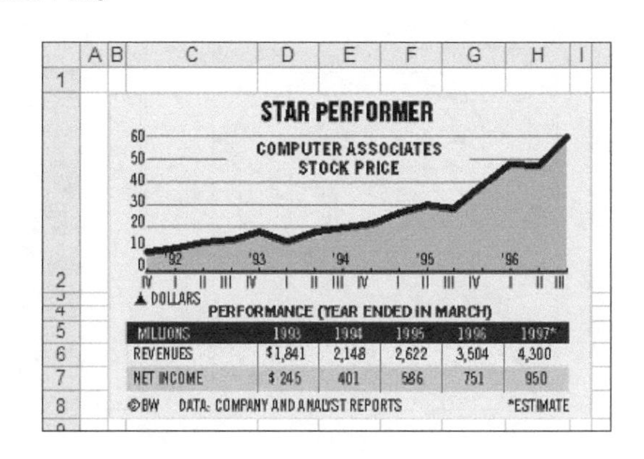

MILLIONS	1993	1994	1995	1996	1997*
REVENUES	$1,841	2,148	2,622	3,504	4,300
NET INCOME	$ 245	401	586	751	950

图1-25 自制数据表
例图来源：《商业周刊》网站。

图 1–26 是一个表格和图表结合的例子，似图似表，令人耳目一新。先做好表格，然后用 D 列的数据制作一个极度简化、完全透明的条形图，放置在 D 列的位置，调整大小与表格对齐，覆盖住下面的数字。范例

在 Excel 2007 以后，数据条功能也可以制作这种单元格内的图表，但它仍然没有这种方法灵活自由。譬如要放一个两年对比的条形图在这里，数据条就无法做到。

THE M&A PIPELINE

The list of big, not-quite-done deals includes the bid for Clear Channel Communications, which was renegotiated on May 13. Other large acquisitions appear to be on track.

TARGET / ACQUIRER	DATE ANNOUNCED	VALUE INCLUDING ASSUMED DEBT (BILLIONS)	DESCRIPTION
Alcon / Novartis	Apr. 7, 2008	$39	Novartis agreed to acquire an initial 25% stake for $11 billion from Nestlé, with the option to buy more
Clear Channel / Bain Capital, Thomas H. Lee Partners	Nov. 16, 2006	26	In the buyout firms' new pact with the lenders, the size of the deal dropped from $27 billion
William Wrigley Jr. / Mars	Apr. 28, 2008	23	Mars agreed to pay $11 billion for the deal, with the rest from Berkshire Hathaway and Goldman Sachs
Trane / Ingersoll-Rand	Dec. 17, 2007	10	Ingersoll-Rand received antitrust approval from the European Commission in April
Nymex Holdings / CME Group	Jan. 28, 2008	9	The deal, which is contingent on regulatory and shareholder approval, should close by the end of 2008

图1-26 图表与表格结合　例图来源：《商业周刊》网站。

图 1–27 的例子将图表对象完全融入到表格中，说明了图表可以做到多么小的程度。这种超级迷你的图表，让表格显得更加可视化、专业化，效果上丝毫不比使用大图表差。不过，制作这样小的图表，是需要一些耐心的。范例

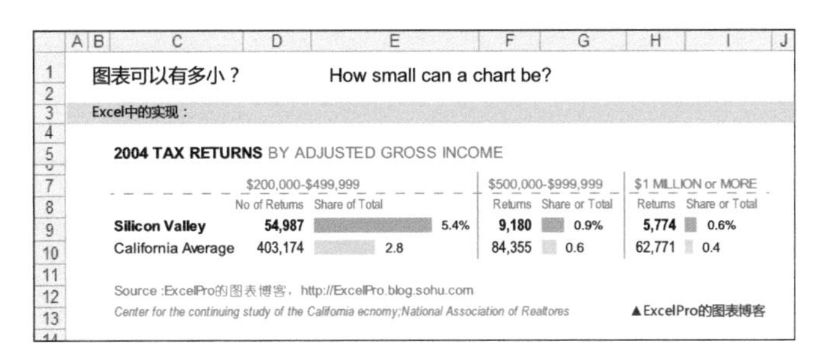

图1–27 用超级迷你的图表作为表格的元素

限于篇幅，就举这么多例子。我们可以看到，这种作图方法基本只使用图表对象来制作图表的核心部分，其他部分多使用单元格、文本框、自选图形等其他非图表元素来制作。其优点是：

- 操作起来比图表元素更方便，如选择、移动、对齐、换行等；
- 格式化灵活度更大，而图表元素往往限制很大；
- 可以完成很多图表元素无法做到的效果。

当然，这些做法并不是唯一的。只要能达到想要的效果，怎么简单、怎么顺手就可以怎么做，这取决于各人的习惯和偏好。譬如标题，你可以使用图表标题元素本身，也可以使用单元格，还可以使用文本框。

或许有人会认为，这样的做法不是很规范，缺少技术含量。但这没什么大不了的，只要能方便我们快速完成任务，一切皆可使用。对武林高手而言，随手折下的树枝也可成为致命的武器，他们从来不会受到剑谱的束缚。

看了这些图表案例的做法分析，你是不是会怀疑，这些图表也许就是用 Excel 制作的？我觉得完全可能，只是制图者做到了我们看不出来的程度。你去看国内领先的《财经》杂志，可以判断它的很多图表就是用 Excel 制作的，因为上面还留下了很多 Excel 的蛛丝马迹。

1.6 图表专业主义

到现在为止，我们已经完全突破了 Excel 图表功能的默认常规和种种限制，我们已经可以模仿制作出在商业杂志上所看到的绝大多数形式和效果的专业图表。但要把图表做到真正专业，还有很多细节需要注意，因为细节之处最能体现专业精神。

细节决定专业

看看商业杂志上的图表，无一不是对细节处理到完美，来体现它们的专业性。在一些不被常人所注意的地方，如果注意做好细节处理，无疑会大大增加专业性。

1. 数据来源

无论何时何地，始终记得给图表加上数据来源，这是体现你专业性的最简单、最快捷的方法。判断一个图表是否专业，这是最基础的检验事项。专业的图表没有不写明数据来源的，普通的图表则几乎没有写明数据来源。

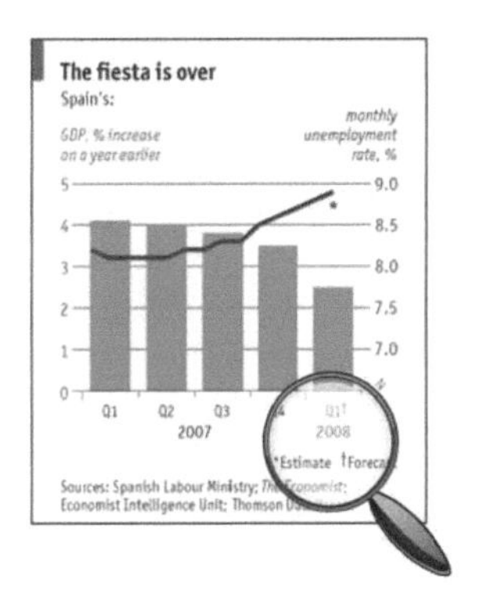

图1-28 对特殊数据点的注释说明
例图来源：《经济学人》网站。

2. 图表注释

对于图表中需要特别说明的地方，如指标解释、数据口径，异常数据、预测数据等，使用上标或 * 、† 、EST 等符号进行标记，在脚注区进行说明，如图 1-28 所示。麦肯锡的顾问们从来都不吝于提供详细无比的图表注释。

3. 坐标轴截断标识

一般来说，图表的纵坐标都应该是零起点的。当使用非零起点坐标的时候，往往意味着夸大差异，尤其是非零起点的柱形图。如果你确实要使用非零起点坐标，那么一定要记得标上坐标轴截断图示，标记原点为零，尽到提示之责，这也将是你专业性的体现。这只需要简单地用自选图形绘制而已，如图 1-29 所示。

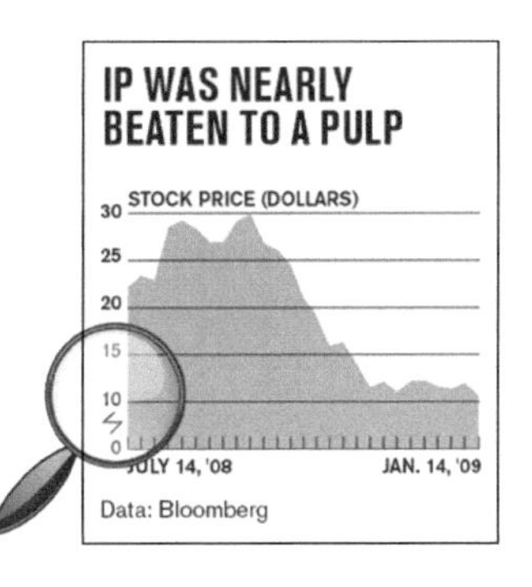

图1-29 非零起点的纵坐标
例图来源：《商业周刊》网站。

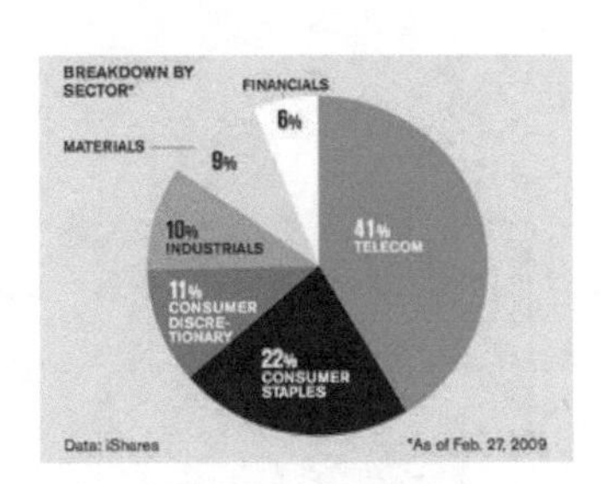

图1–30 百分比之和不等于100%的饼图
例图来源：《商业周刊》网站。

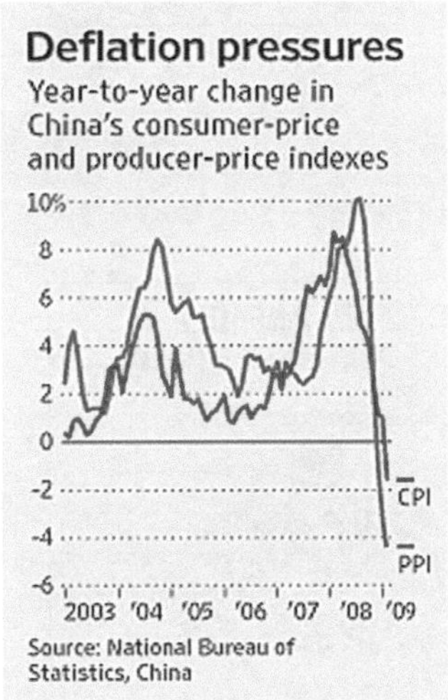

图1–31 简洁的坐标轴标签
例图来源：《华尔街日报》网站。

4. 四舍五入的说明

图表中有四舍五入计算时，特别要注意检查各分项之和是否等于总额，饼图显示数字之和是否等于100%。有时大牌杂志也会犯这个错误，譬如图1–30。

在脚注区标上一句“由于四舍五入，各数据之和可能不等于总额（或100%）”，既避免了被动发现错误的尴尬，又能体现专业性。

5. 简洁的坐标轴标签

当*X*坐标轴标签为连续的年份时，不要一成不变地写成“2003、2004、2005……”，可简写为“2003、'04、'05……”，看起来和读起来都清晰得多。这只需要对数据源略作修改就可以做到。

当绘制以日或月为单位的较长周期的时间序列图表时，分类轴标签不要显示过多的时间点，《商业周刊》图表甚至只显示首尾时间点的标签。

当*Y*坐标轴的数字带有%、$等符号时，只在最上面的刻度上显示这个符号，其他的予以省略，图表也会简洁得多，如图1–31所示。这种效果我们可以通过文本框添加字符，也可以通过自定义数字格式来设置。如对*Y*轴刻度标签设置自定义格式“[=10]0"%";0”，Excel将只对10的刻度标签显示后缀符号%。

你的图表够专业吗

通过前面的介绍，我们可以看到，只用我们再熟悉不过的 Excel，一样可以制作媲美杂志级水准的专业图表。而且并不需要多么高超复杂的技术，只在于我们是否真想做出专业的图表，是否愿意花一点点的时间去改变一下——这就是专业主义的态度。

在日本学者大前研一眼里，专业主义态度是今天职场人士的一种必备素质。他在《专业主义》一书中谈了他对“专家”的理解，其中有三段话，值得仔细阅读并理解其中的深意：

- 专家要控制感情，并靠理性而行动。他们不仅具备较强的专业知识和技能以及伦理观念，而且无一例外地以顾客为第一位，具有永不厌倦的好奇心和进取心，严格遵守纪律。以上条件全部具备的人才，我才把他们称为专家；
- 商务专家应该是这样的人：他们绝不认为自己的本领是绝对的，而是准备花费一生的时间去磨砺自己，并且乐此不疲；
- 职业化的专家讨厌马马虎虎的工作，因此他们对工作一如既往地勤勤恳恳，即使年事已高，也要亲临一线；即使报酬微薄，也会尽心竭力。

这正是我所欣赏的专业主义态度，它不只是要你拥有专业的工作技能，更是要你拥有专业的意愿和态度。这种专业精神不关乎职业和工种，只在于专注与敬业，无论所从事的工作多么卑微，我们仍应把它做到极致完美。而把简单的事情做到完美，就是不简单。

把这种专业精神落到图表上，就是“图表专业主义”。制作图表虽然是雕虫小技，要做到极致专业却并不容易，我们会遇到多方面的挑战。

- 你必须不断学习，掌握和锤炼专业的技能。图表虽小，但对沟通有效性的追求却是无止境的，当今数据可视化技术的发展，更是一个广阔的领域；
- 你必须抵制诱惑，拒绝各种不专业的想法。各种绚丽色彩、3D 效果、水晶质感等豪华眩目的装饰，真的很吸引眼球，潮流如此，要拒绝还真是件困难的事情；
- 你必须忍受孤独，媚俗不是你的性格。你周围的人可能无法理解你的专业，他们只会为惊艳的效果而惊叹，这种职场压力或许会迫使你放弃。你必须坚持自己，相信自己的专业。

尽管如此，却并不能阻止你追求专业境界的想法和行动。做一个图表专业主义者，全身都透射出专业精神，拒绝马马虎虎的图表，拒绝粗制滥造的报告，要做就做到最专业！

套用书中一句煽情的话：

21 世纪，你唯一的依恃就是专业。你够专业吗?

第 2 章

成为图表高手的技术准备

第 1 章我们介绍了一种与众不同、突破常规的作图方法。尽管前面说到，这套方法并不需要复杂高超的技术，但熟练掌握一些技术技巧，无疑会大大提高工作效率。并且，一些有益的技巧还可以帮助我们完成很多“不可能的任务”。

本章将介绍这套方法所需要的一些配套技术和提高效率的图表操作技巧，以及一些高级作图技术的思路。这些方法有的鲜为人知但却十分有用，有的能够解答很多人百思不得其解的困惑，我们在本章做介绍后，可为后面的章节打下基础。

为照顾初级读者，本章将先简单介绍一下图表的基础知识，如一个图表包括哪些图表元素、如何对每一个图表元素进行武装到牙齿式的格式化，并以一个简单的例子来说明如何制作一个杂志风格的专业图表。

2.1 图表基础知识

插入一个图表

要在 Excel 中创建一个图表，先选中用来作图的数据区域，然后单击常用工具栏上的按钮 (或选择菜单“插入→图表”)，就会打开图表向导对话框，按提示操作即可生成图表。

掌握图表元素

Excel 图表提供了众多的图表元素，也就是图表中可设置的最小部件，为我们作图提供了相当的灵活性。图 2–1 中显示了常见的图表元素。

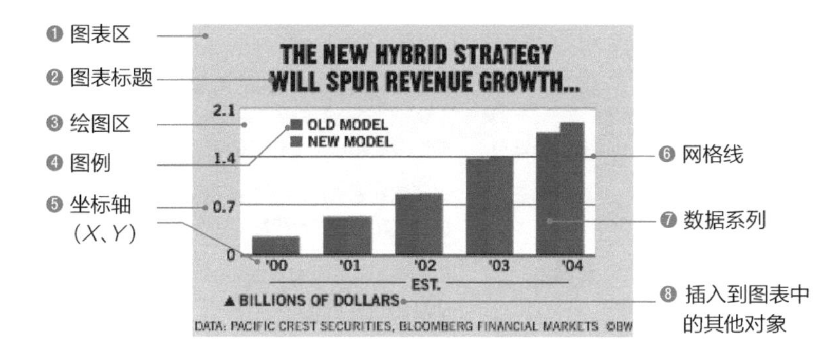

图2–1 图表中的图表元素

常见的图表元素

❶ **图表区**	整个图表对象所在的区域，它就像一个“容器”，承载了所有其他图表元素，以及你添加到它里面的其他对象。
❷ **图表标题**	Excel默认使用系列名称作为图表标题，建议修改为一个更具描述性的标题。
❸ **绘图区**	包含数据系列图形的区域。
❹ **图例**	指明图表中的图形代表哪个数据系列。当只有一个数据系列时，Excel也会显示图例，显然是多余的。
❺ **坐标轴**	包括横坐标轴和纵坐标轴，一般也称为*X*轴和*Y*轴。坐标轴上包括刻度线、刻度线标签。某些复杂的图表会使用到次坐标轴，一个图表可以有4个坐标轴，即主*X*、*Y*轴和次*X*、*Y*轴。
❻ **网格线**	包括水平和垂直的网格线，分别对应于*Y*轴和*X*轴的刻度线。一般使用水平的网格线作为比较数值大小的参考线。
❼ **数据系列**	根据数据源绘制的图形，用来形象化地反映数据，是图表的核心。
❽ **插入到图表中的其他对象**	如文本框、线条等自选图形，用来对图表做进一步的阐述。

图 2–1 中没有出现的其他常见图表元素还有：

坐标轴标题	描述垂直和水平坐标轴的名称，一般在散点图中才有需要使用。
数据标签	跟随数据系列而显示的数据源的值。过多使用数据标签易使图表变得凌乱，一般可在数据标签和*Y*轴刻度标签中二者选一，而不必同时使用。
数据表	绘制在*X*轴下面的数据表格。由于它往往会占据很大的图表空间，因此我们一般不建议使用此图表元素。

除以上常见的图表元素外，Excel 还提供了一些分析类的图表元素。

- **趋势线**：对于时间序列的图表，选中数据系列后，右键菜单中会有一个"添加趋势线"的选项，可以根据源数据按回归分析方法绘制一条预测线。若不是对统计知识比较有把握，如能正确理解和判断 r 系数、R^2 系数、p 值等，建议不要轻易使用趋势线，以免误用而造成错误或笑话；
- **误差线**：根据指定的误差量显示误差范围，商业环境中以质量管理领域应用较多。本书中有利用此特征绘制 Bullet 图、模拟网格线的例子；
- **垂直线**：在曲线图和面积图中，可绘制从数据点到 *X* 轴的垂直线，实际运用也较少；
- **涨跌柱线 / 高低点连线**：在有两个以上系列的曲线图中会有此选项，它在第一个系列和最后一个系列之间绘制柱形或线条，分为涨柱和跌柱，多用于股票图表。本书有利用此特征绘制瀑布图的例子；
- **系列线**：在堆积柱形图或条形图中有此选项，它将各柱形图连接起来帮助比较。麦肯锡的图表较多使用此选项。

如果你使用 3D 类的图表类型，还会有背景墙、侧面墙、底座等图表元素。由于本书完全不建议使用 3D 类图表，因此对此类图表元素也就不做介绍。

尽管 Excel 提供了众多的图表元素，但在绝大多数场景下，我们并不需要使用到所有的元素。我们可以根据应用场合和个人喜好来选择如何运用图表元素。

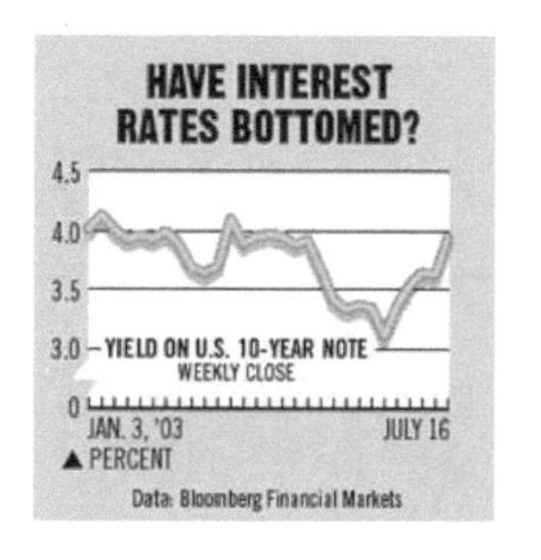

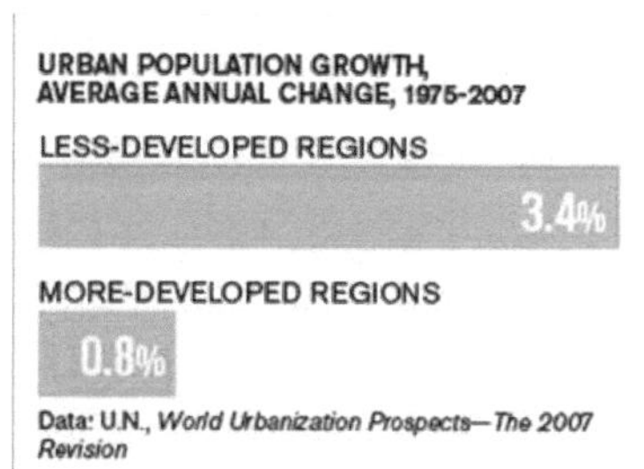

图2–2 不同的图表元素运用策略形成不同的图表风格

图 2–2 中的例子，前者传统经典、中规中矩，使用了较多的图表元素，图表区、绘图区、网格线、坐标轴、刻度线……一个都不少；而后者简洁到极致，只剩下数据系列的图形和数据标签，你甚至没觉得这是个图表，但它却同样有效地表达了它的目的。它们都是成功的商业图表，只是因为不同的制图策略形成了不同的图表风格。

随心所欲格式化图表元素

快速进入格式对话框

要开始格式化某个图表元素，有 3 种操作方法：

- 用鼠标双击该对象即可唤出对应的格式对话框。此操作最为快捷，推荐使用。在 Excel 2007 中已不支持此操作，不过 Excel 2010 中仍然恢复了这一操作方法；
- 选中该对象后，按 Ctrl + 1 快捷键也可唤出对应的格式对话框；
- 选中该对象后，右键菜单中会出现相应的格式子菜单，选择即进入格式对话框。

不过，当选中图表或某些图表元素时，常用工具栏中的某些按钮可以直接用来对该图表元素进行格式化，故而不必进入到具体的格式对话框，如各图表元素的字体、颜色、填充色等。

下面以 Excel 2003 为例，介绍各个图表元素格式对话框的设置选项。Excel 2007 中的界面略有差异，操作也有些许不同，可花点时间练习找到对应的地方。

图表区格式

图表区格式对话框中，有图案、字体、属性 3 个选项卡，如图 2–3 所示。

各选项卡中的内容说明如下：

- **图案**。我们最常用的就是在图案选项卡中设置图表区的边框和填充色，不过通过常用工具栏中的按钮设置填充色更方便；
- **字体**。一般不在这里设置，因为我们可以直接使用常用工具栏中的按钮，下同；
- **属性**。可以设定图表的大小、位置与单元格变化的关系。本章后面介绍的锚定操作会利用到这个属性设置。

绘图区格式

绘图区格式对话框中，只有一个图案选项卡。其操作与图表区完全类似，我们可以在这里设置绘图区的边框和填充色。

一个比较常见的误区是，初学者为追求所谓的漂亮，往往喜欢在图表区或者绘图区里设置渐变的填充色效果或者其他图片，殊不知这会影响图表中重点信息的传递。我们建议保持空白，如果实在要填色的话，可使用轻淡、柔和的颜色。

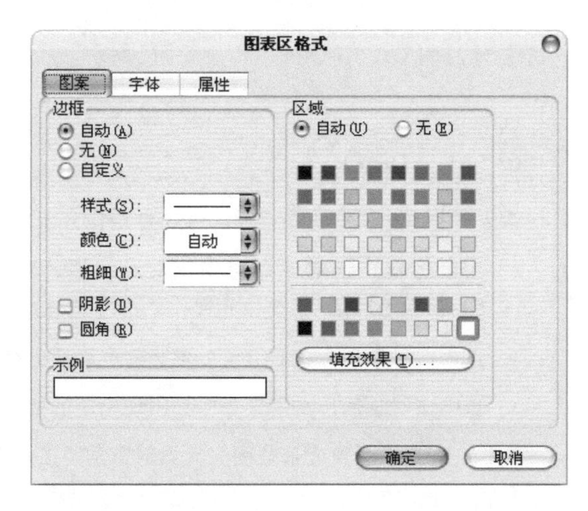

图2–3 图表区格式对话框

数据系列格式

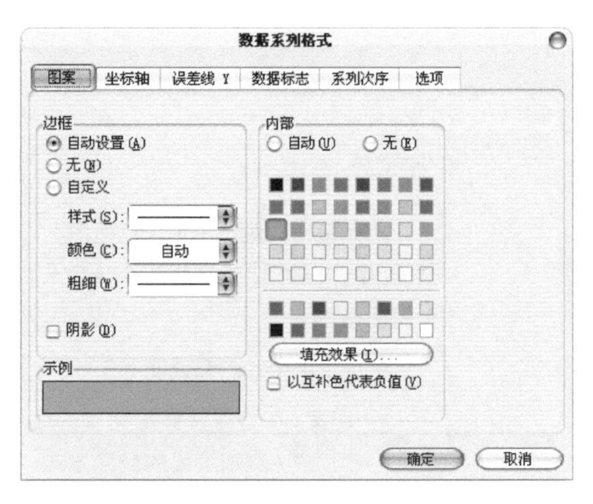

图2–4 数据系列格式对话框

数据系列格式对话框中，有图案、坐标轴、误差线、数据标志、系列次序和选项共 6 个选项卡，如图 2–4 所示。

各选项卡中的内容说明如下：

- **图案**。若是柱形图等填充型的图表类型，则可以设置边框线和填充色；若是曲线图类型，则可以设置曲线的线型和数据标记；
- **坐标轴**。用于将选定数据系列设置到主坐标轴或是次坐标轴。这个选项只有在图表中有多个数据系列时才可使用；
- **误差线**。根据不同的图表类型会表现为误差线 X、Y 或 XY，可设置误差线的显示方式和误差量。误差量有多种指定方式，其中自定义方式可以引用单元格中的数据区域；
- **数据标志**。设置数据系列的数据标签显示。根据不同的图表类型，可以勾选系列名称、类别名称、值（或 x 值、y 值）、百分比、气泡尺寸等；
- **系列次序**。在堆积柱形图或条形图中此选项才有意义，它可以调整数据系列的堆积顺序；
- **选项**。一些其他杂项设置，如：
  - 若是柱形图或条形图，可以在这里设置重叠比例和分类间距，这个比较常用。但这里的“依数据点分色”则不建议使用；
  - 若是曲线图，可以在这里设置垂直线、涨跌柱线；
  - 若是饼图，可以在这里设置第一扇区的起始位置。一般设置为 0 度，也就是 12 点钟位置；
  - 若是气泡图，可以在这里设置使用气泡的面积还是宽度来代表数值大小。

坐标轴格式

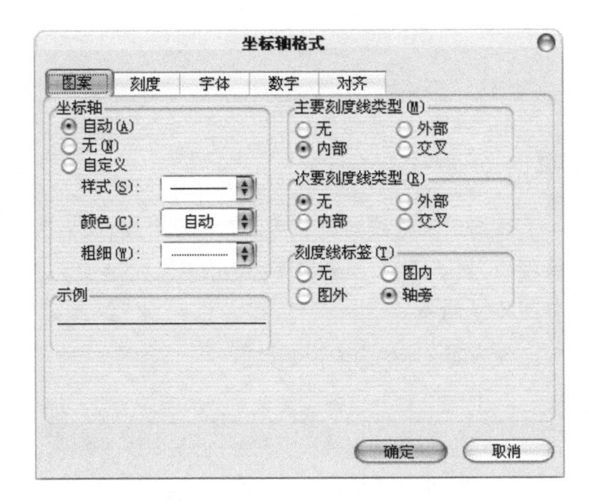

图2-5 坐标轴格式对话框

坐标轴格式对话框中，包括图案、刻度、字体、数字、对齐共 5 个选项卡，如图 2-5 所示。

各选项卡中的内容说明如下：

- **图案。**在这里设置坐标轴的线型、主 / 次刻度线的交叉方式、刻度线标签的位置；
- **刻度。**对 *X* 轴，经常需要调整的是刻度线标签之间的分类数，也就是每隔几个数据点显示一次标签。对 *Y* 轴，经常需要调整的是最小值、最大值、主 / 次刻度单位；
- **字体。**一般不在这里设置，而是直接使用常用工具栏设置；
- **数字。**坐标轴的数字格式可以通过常用工具栏设置，但这里可以设置自定义的数字格式，某些图表技巧会利用到这里的自定义数字格式；
- **对齐。**在这里设置坐标轴文本的方向。某些时候 Excel 会将坐标轴标签倾斜起来，导致阅读困难，可以在这里调整为水平方向。

图例格式

图例的格式对话框与图表区的很相似，有图案、字体和属性 3 个选项卡。其中属性选项卡用来设置图例的位置，但事实上，我们直接使用鼠标拖放图例的位置会来得更加方便。所以整个图例的格式化一般使用常用工具栏即可。

图例的顺序由前面介绍到的数据系列的次序决定，因此要调整图例的顺序，可以通过调整数据系列的次序来完成。

图表选项

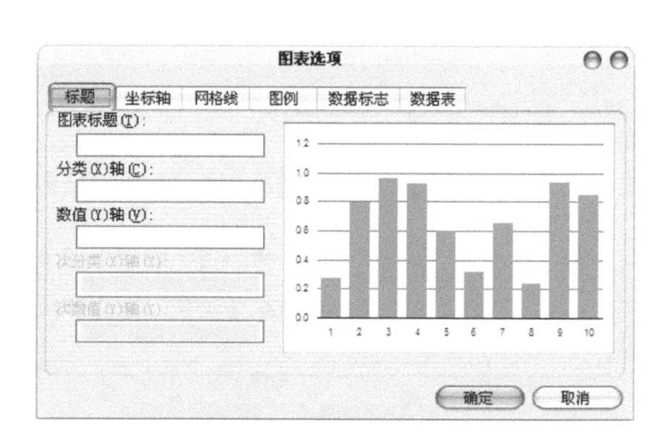

图2-6 图表选项对话框

这是一个综合性的图表设置选项，通过选中图表后的右键菜单可访问。图表选项对话框包括标题、坐标轴、网格线、图例、数据标志、数据表共 6 个选项卡，如图 2-6 所示。不同的图表类型其选项卡会有所不同。

各选项卡中的内容说明如下：

- **标题。**在这里设置图表的标题、坐标轴的标题；
  - 在创建一个包含多数据系列的图表时，默认是没有图表标题元素的，可以在这里输入内容后启用图表标题元素；
  - 但是，图表标题元素的格式化受到很大限制，特别是我们无法控制其不自动换行。因此当标题较长时，一般建议不启用标题元素本身，而是使用单元格或文本框来代替，以获得更大的灵活性；
  - 而坐标轴标题，若非必要，一般不需使用。散点图因为有两个坐标轴，一般需要使用。
- **坐标轴。**在这里设置分类轴的类型是“分类”的、还是“时间刻度”的，参见理解时间刻度一节的内容。当使用了次坐标时，可在这里设置如何启用主 / 次坐标轴的 *X*/*Y* 坐标；
- **网格线。**在这里设置是否显示水平和垂直的网格线。一般建议使用水平的网格线，作为比较数值大小的参考；
- **图例。**设置是否显示图例。至于图例的位置，手动拖动即可，一般不在这里设置；
- **数据标志。**设置是否显示以及如何显示数据标签；
- **数据表。**可以勾选是否在图表的 *X* 轴下方显示一个数据表。由于数据表会占用过多的图表空间，因此一般不建议使用。

除了这些基本的格式对话框，当我们启用了某个图表元素（如数据标签），这些图表元素也会有相应的格式对话框，操作方法完全类似，这里不再一一细述。

事实上，我们并不需要完全记住这些格式对话框及其选项。在实际设置时，用鼠标双击图表元素（或按 Ctrl + 1 键），Excel 自然会带你找到它们。一旦熟练后，这些都是无意识的操作而已。

制作一个商业周刊风格的图表

在这一节里，我们将通过模仿制作一个《商业周刊》新风格的图表，熟悉各个图表元素的格式化方法，并实际演练第 1 章介绍的图表方法。范例

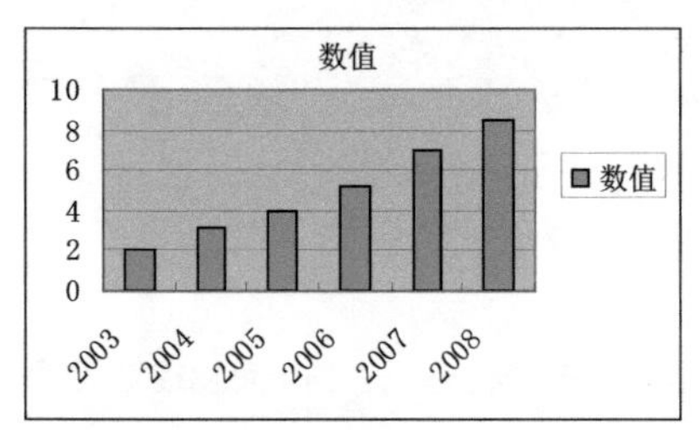

在 Excel 中插入一个柱形图，如果不做特别的设置，一般将如左图的默认样式。这是最常见的图表面孔，相信大家非常熟悉，它给人的印象就是再普通不过，甚至是很粗糙。

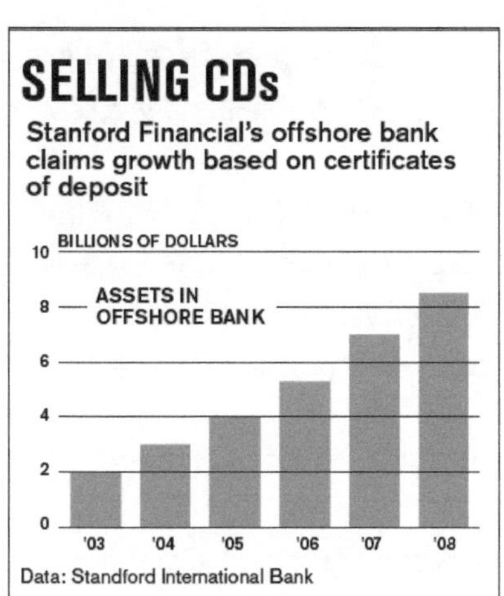

左图是《商业周刊》上的图表，显然比我们普通的图表要专业得多。在图 1–19 中我们已经分析了其做法，现在我们实际演练一次，看如何将一个 Excel 的默认图表变成杂志般效果的专业图表。

第一步　在作图数据准备上，对于年份字段不要输入为：“2003、2004……”，而是输入为：“''03、''04……”，Excel 会将其显示为：“'03、'04……”，显得更加简洁。这里的第一个撇号是通知 Excel 把其后面的输入都按照文本处理，如图 ❶ 。

	A	B	C	D
1			数值	
2		''03	2	
3		'04	3.2	
4		'05	4	
5		'06	5.2	
6		'07	7	
7		'08	8.5	

❶

第二步　以 B2:C8 为数据源做柱形图，得到默认样式的图表，进行一些简单的格式化：删除图例，删除图表标题，删除绘图区的灰色填充色，等等。此时图表应如图❷，还是很普通。

第三步　继续进行格式化：

- 选择图表区，通过常用工具栏设置所有字体为 Arial、8 磅；
- 选择绘图区，按 Delete 键删除绘图区的格式，绘图区的边框消失；
- 在 *Y* 坐标轴格式→图案选项卡下，设置坐标轴“无”，*Y* 轴的竖线消失；
- 在 *X* 坐标轴格式→图案选项卡下，设置主要刻度线类型为“无”，*X* 轴上的小刻度线消失；
- 在 *X* 坐标轴格式→对齐中，将偏移量设置为 0，可使刻度标签离 *X* 轴更近。

现在图表如图❸，与普通样式略有不同。

第四步　设置数据系列格式：

- 运用第 1 章介绍的颜色拾取方法，拾取杂志例图中颜色的 RGB 值为 0,174,247，将其配置到颜色模板中；
- 在数据系列格式→图案中，设置柱形图的填充色为刚才配置的颜色，无边框线；
- 在数据系列格式→选项中，设置柱形图的分类间距为 40%，使柱形变粗，彼此靠近。

现在图表如图❹，初步呈现杂志图表的风格。

现在我们完成了一个图表的核心部分。若是为了以后方便，可以将其保存为自定义图表类型，参见第 2.2 节的相关内容，这是后话。下面我们将以它为基础，以杂志例图样式为参考，继续作图。

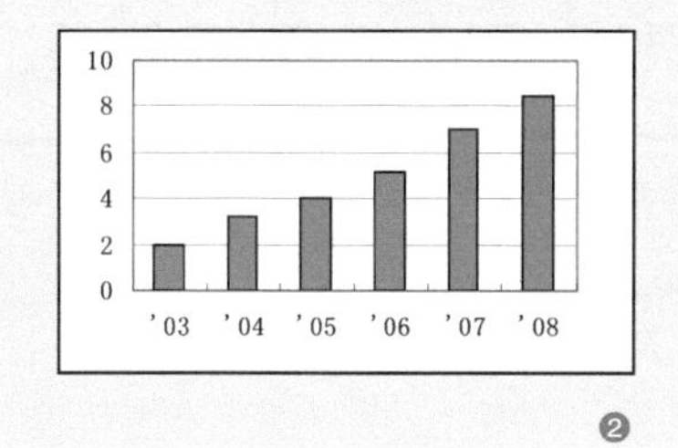

❷

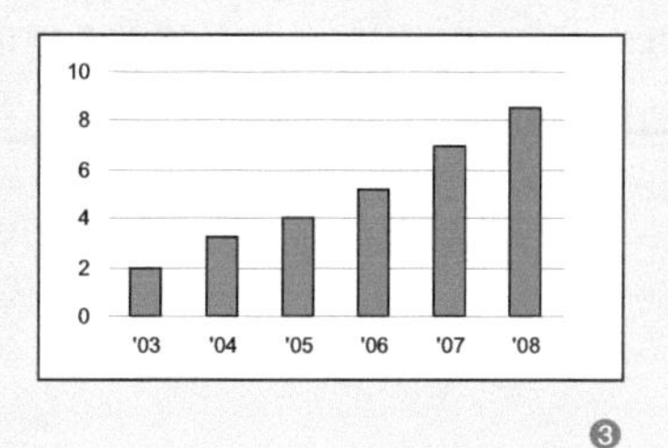

❸

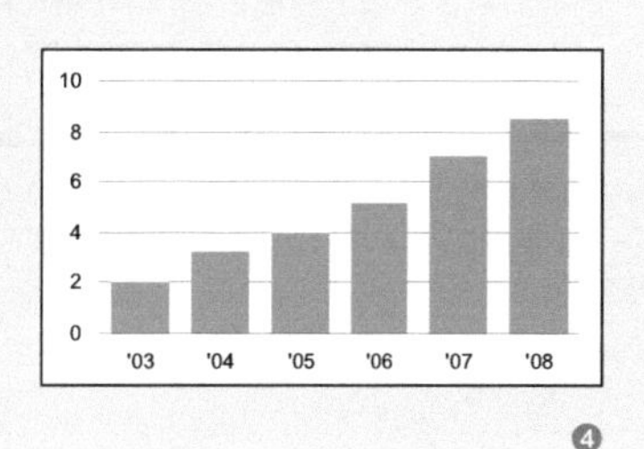

❹

第五步 利用其他元素完成图表，如图 2-7 所示：

- 将 B 列宽度调整至约 35 个单位（1 个单位为 2.54 毫米），在 B2 单元格输入图表标题，大小为 20 磅。字体可选择为 Arial，若是中文可使用黑体，下同；
- 在单元格 B3~B5 中输入副标题，大小为 10 磅。调整行高至约 10（单位为磅），使文字间距合适；
- 将之前做好的图表对齐到单元格 B7:B16（参见第 2.2 节中的“锚定”操作介绍），设置图表区无边框线；

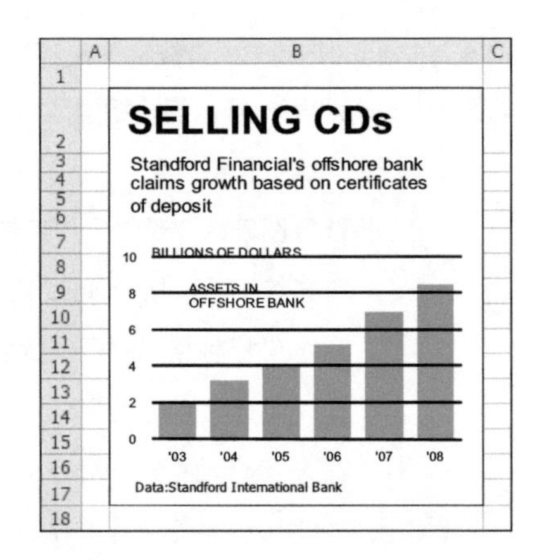

图2-7 一个简单的《商业周刊》风格图表

- 在图表上合适的位置绘制两个文本框，分别输入指标单位和名称，大小为 8 磅；
- 在单元格 B17 中输入数据来源信息，大小为 6 磅；
- 选中单元格 B2:B17，设置边框线为黑色，使该区域形成一个“图表区”。

至此，我们已经完成了一个《商业周刊》风格的图表，与杂志效果相差无几。制作过程也都是些最基础的操作，并无难度。要把完成的图表引用到 PPT 等其他文档中去，可复制单元格区域 B2:B17，选择性粘贴到 PPT 中去，具体可参见第 7.4 节的内容。至于此例中网格线在柱形图上面的效果，可参考第 3.1 节的内容。

从这个例子可以看到，只要一点点改变，我们就可以把 Excel 图表做得如同杂志般专业。即使本书你只阅读到这里，也已经可以制作简单但却专业的图表了。不过，下面我们还会介绍更多高效、高级和专业的作图方法。

2.2 高效图表操作技巧

向图表追加数据系列

一般作图的过程，是先选定数据区域，然后插入图表。实际工作中，我们经常需要往图表中继续加入其他数据系列，有时还是将同一数据源多次加入图表。这个“加入”的动作是如何做的呢？有 4 种操作办法。

1. **鼠标拖放法**。选中待加入的数据区域，鼠标置于边框，出现十字箭头时，按下鼠标将其拖放到图表上释放即可。如果新数据与已有数据格式不一致，Excel会弹出一个选择性粘贴的窗口，询问你加入数据的方式，如图2–8所示，根据你的需要进行选择。这是最方便快捷的操作方法，遗憾的是Excel 2007中已不再支持。

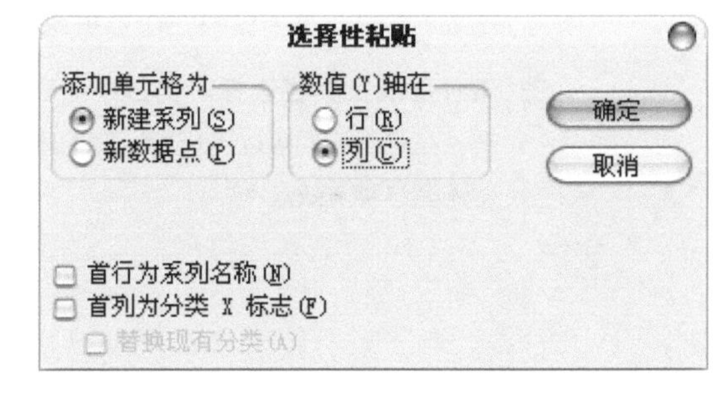

图2–8 向图表拖入或贴入数据时出现的选择性粘贴对话框

2. **复制粘贴法**。其实质与前一种方法是一样的，只是换用键盘操作。先选中待加入的数据区域，Ctrl + C复制，再选中图表，Ctrl + V粘贴，后续操作同上。此方法在Excel 2007中仍支持。

3. **框线扩展法**。当我们选中图表时，其源数据区域周围会出现紫、绿、蓝的不同框线。如果待加入数据与已有数据是连续的，可以拽住蓝色框线的右下角，出现双向箭头时，将蓝框区域拉大到包含待加入数据即可。此方法仅适用于待加入数据与已有数据是相邻连续的情况。

4. **对话框添加**。这是添加数据系列的常规方式。选中图表，右键→数据源→系列→添加，即可增加一个数据系列，然后可在名称、值、分类轴标签的输入框中指定数据源。

当要往图表中添加散点图系列时，一般要运用此方法，建议大家熟练掌握。首先通过数据源对话框添加一个数据系列，然后将该系列调整为散点图类型，最后在数据源对话框中指定该系列的 x、y 值的引用位置，就添加了一个散点图系列。

选择难于选择的数据系列

在对图表进行格式化的过程中，我们一般是用鼠标直接点选需要的数据系列。经常做图表的人一定遇到过这样的困扰：当多个系列纠缠在一起，或者躺在坐标轴上看不见，或者藏在背后看不见，我们往往很难选择到想要的数据系列。在这种情况下，有另外的 2 种操作办法。

1. **箭头循环选择**。选中图表后，按上或下箭头，光标焦点会在各图表元素之间循环切换，一直按到你想要的数据系列被选中即可（可通过源数据周围的蓝框判断）。此外，这时再按左或右箭头，焦点会在这个数据系列的每个数据点上循环移动，可以选择不同的数据点。
2. **通过图表工具栏选择**。当选中图表时，图表工具栏会变亮，最左边是一个图表元素的下拉框，在这里我们可以选择到所有的图表元素，如图 2-9所示。在某些元素不易被选择到时，记得还有这种方法。

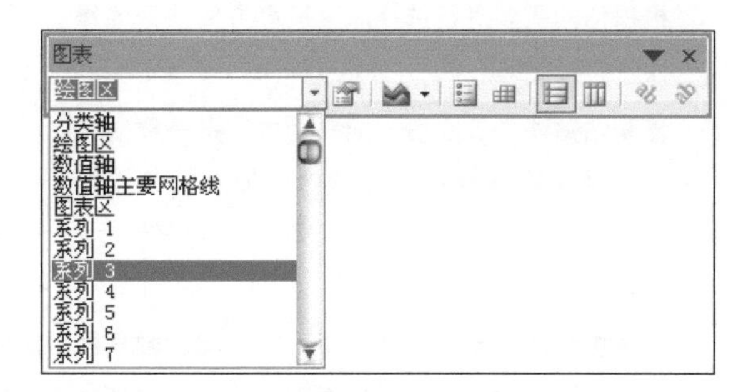

图2-9 图表工具栏中的图表元素下拉框，可选择各种图表元素

让F4键完成重复的设置任务

在 Excel 中有一个非常重要的快捷键 F4，它有 2 种用途：一是在输入公式时用来循环切换相对地址和绝对地址，二是重复上一次操作。在图表制作中会有很多繁琐枯燥的重复性设置工作，如能善用 F4 键，将大大提高作图的工作效率。

假如在一个有 3 个数据系列的曲线图中，我们要将所有线条都设置为粗线型、无数据点标记、显示数据标志为值。首先选中其中一个系列，在其格式对话框中逐一设置好这三项格式。然后选中第二个数据系列，按 F4 键，你会发现 Excel 立即自动对其执行了刚才的三项格式设置，这就是“重复上一次操作”的效果。对第三个数据系列可继续如法炮制。

可以说，只要是同类型的重复性操作，我们都可以考虑尝试一下 F4 键，让它来帮我们完成乏味的重复。若重复的结果不符合预期，可以随时按 Ctrl + Z 键回退。

需要说明的是，在 Excel 2003 中 F4 键是以一次对话框访问为单位，重复其中所进行的所有操作。但在 Excel 2007 中 F4 键是以一次操作为单位，仅重复上一次操作，而不是一组操作。Ctrl + Z 键也只是撤销上一次操作，而不是一组操作。不能不说这种方式很大程度上降低了操作效率，而且在 Excel 2010 中也未见恢复。

改变数据系列的图表类型

一般我们制作图表都是用 Excel 的图表向导，使用标准的图表类型或内置的自定义图表类型。但我们会看到很多商业图表案例，在 Excel 的标准类型和自定义类型中都没有提供类似的样式，它们是怎么制作出来的呢?

其实很简单，我们只要掌握一条要领 :Excel 图表中的每一个数据系列，都可以单独设置其图表类型。这样，我们实际上可以制作多种图表类型混存的组合图表，从而摆脱 Excel 图表类型的限制。

操作方法上，可以先制作简单的柱形图或曲线图，然后选中需要修改图表类型的数据系列（如图 2-10 中的柱形图系列），单击鼠标右键→图表类型，在对话框中选择需要的图表类型，则该系列会变成指定的图表类型。注意是仅选择目标数据系列而不是整个图表或其他元素，否则整个图表都会变成所选择的类型了。

不过，并非所有的图表类型都能够用于创建组合图表，如三维图表类型就不能采用以上方法。但因为我们一般不会使用 3D 的图表类型，所以基本不会遇到这样的问题。

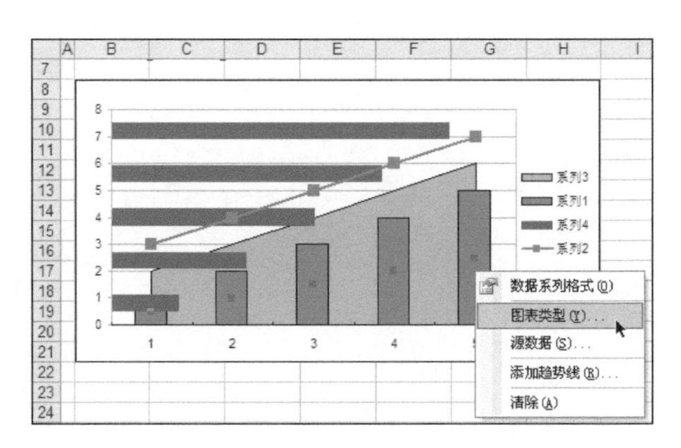

图2-10 每个数据系列都可以单独指定图表类型

删除辅助系列的图例项

在一些较高级的作图方法中，经常会往图表中加入辅助系列，以便完成某一特定的任务。但在最后完成的图表中，我们并不希望出现这些辅助系列的身影。在对这些数据系列设置隐藏后，图例上仍会留下蛛丝马迹，因此需要删除图例中的辅助系列的项。

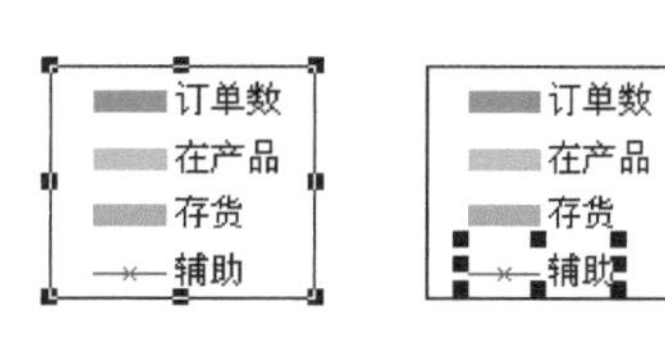

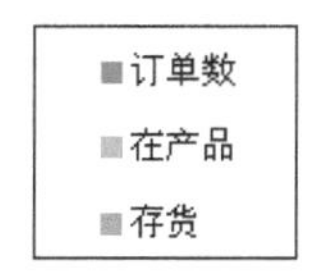

图2-11 单独删除图例中辅助系列的图例项

操作方法可以称作两次击鼠标法，注意不是双击。第一次单击鼠标选中图例，稍候（大约1秒钟之后），再单击鼠标选中要删除的图例项，按 Delete 键，即可删除该图例项。如图 2-11 所示。

注意第二次是用鼠标单击图例项的文字部分（例图中“辅助”二字），而不是图形部分。否则会只选中该图例项的图形部分（称作图例项标示），Delete 键会删除该图例项所代表的数据系列而不仅仅是该图例项。

这个技巧也说明，图例中的每一个图例项也是可以被单独选中进行格式化的。

快速复制图表格式

当我们已经有一个格式化好的 Excel 图表，想要将其格式应用到其他图表上时，我们会希望能有类似格式刷的操作来快速复制图表格式。当然图表对象无法应用格式刷，但通过粘贴格式的方法，也可以完成这一任务。

先选中已格式化好的图表，Ctrl + C 复制；再选中待格式化的图表，点击菜单“编辑→选择性粘贴→格式”，即可把源图表的格式应用到目标图表上。如图 2-12 的示意。

其他的操作方法，还可以将源图表复制一份后，再将其数据源修改为新的目标数据区域。

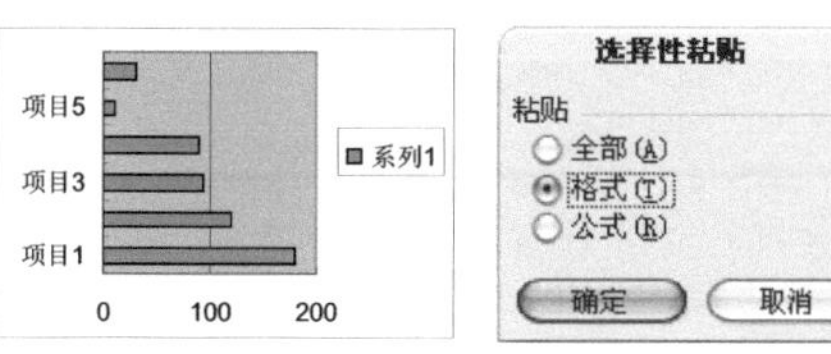

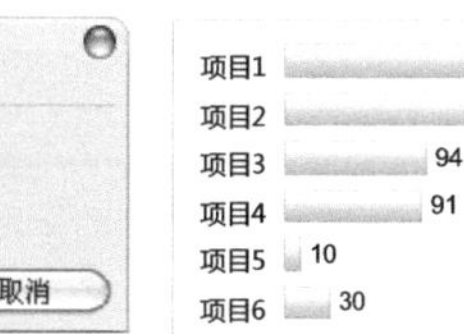

图2-12 对图表运用选择性粘贴方式，快速复制格式

跨电脑复制自定义图表类型

当你精心制作了一个满意的图表，包含了漂亮的格式，这时可以保存为自定义图表类型，便于以后快速引用，这个地球人都知道了。选中图表，右键→图表类型→自定义类型→选自→自定义→添加，出现“添加自定义类型”对话框，输入你的名称和说明，保存即可。

这里要说的是另外一种情况，你在公司的电脑上定义了很多自己的图表类型，用起来都很顺手，现在要在家里加班，怎么把公司电脑上的自定义图表类型复制到在家里的电脑上使用呢?

在 Excel 2003 中，用户自定义图表类型保存在一个名为 xlusrgal.xls 的文件中。首先要在你公司的电脑上找到这个文件，一般情况下这个文件在以下目录：

```
C:\Documents and Settings\你的账号\Application Data\Microsoft\Excel
```

把它复制到你家里电脑的对应位置就可以了。

不过这个文件非常诡秘，一般很难找到它，即使在设置隐藏文件可见的情况下使用搜索方式查找，也还有可能无法找得。这时可使用变通方法：直接把公司电脑上的自定义图表类型一一做成图表，保存为一个文件；然后在家里电脑上打开此文件，再将这些图表一一添加为自定义图表类型。

在 Excel 2007 中，对自定义图表类型采用管理模板方式，复制共享就要容易些。

理解时间刻度

在反映时间序列的数据时，如果数据点的采集间隔不是等距的，那么在图表上也应正确反映出这种不等距间隔。图 2–13 中，所有相邻月份之间的距离都是不一样的，做成的柱形图的柱子之间就应该是不等距的。这种情况需要用到时间刻度的坐标轴。

在图表选项的坐标轴选项中，分类轴有 3 个选择：自动、分类和时间刻度。“分类”指各数据点是相同的分类事件，彼此之间的间距在 *X* 轴方向是等距的，而“时间刻度”则按数据点之间的数值差距来决定间距。时间刻度的分类数据可以是日期格式，也可以是整数格式。

Excel 图表的时间刻度，准确地说应该是“日期刻度”，因为它只支持以天为单位的日期格式，小时及以下的时间是被忽略的。如果需要对小时数据作图，只能采取变通方式，将其转换为日期数据或整型数据。

使用时间刻度属性作不等距刻度的图表时，*X* 轴的刻度标签往往不会符合我们的要求，例如我们只希望有数据点的地方才出现刻度标签。这时可以利用辅助数据来模拟。

在图 2–14 中，先用 C~D 列的数据制作一个时间刻度的柱形图，再将 E 列的辅助数据加入图表绘制曲线图，用每个数据点的数据标签来显示位于 C（或者 B）列的刻度标签，就像是 *X* 轴的刻度标签。最后再将辅助系列设置不可见。范例

利用时间刻度属性，可以制作一些特殊的图表，如第 4 章介绍的不等宽柱形图、市场份额图表等，都是这一技巧的应用。

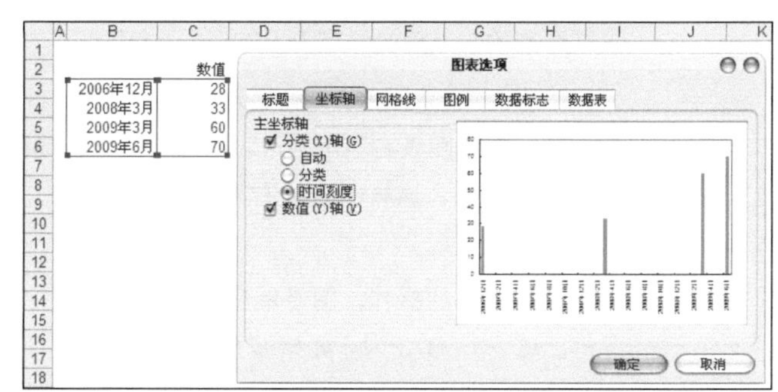

图2–13 时间刻度往往用来反映时间间隔不等距的事件

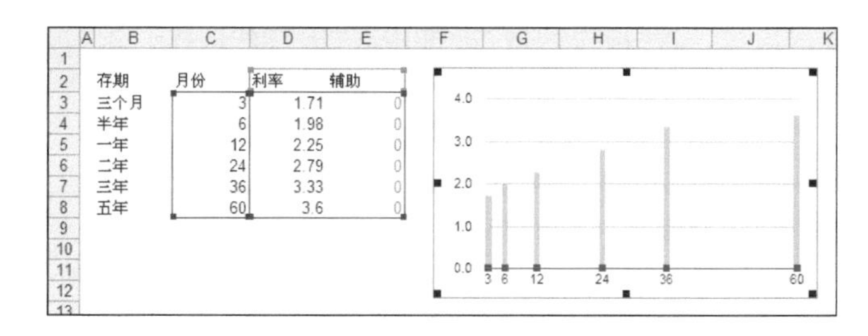

图2–14 *X*轴上不等距的刻度标签是用辅助系列来模拟的

将图表锚定到单元格

这一方法用于快速、精确地对齐图表等对象。

当新创建一个图表时，在其“图表区格式→属性”里，“对象位置”的默认设置是“大小、位置随单元格而变”，如图 2–15。如果调整图表所在单元格的行高和列宽，图表的位置和大小将跟随变化。

利用这个属性，让图表始终跟随某一个单元格或单元格区域而变动，将为我们带来很大便利，我们把这种操作称作“锚定(anchor)”。由于我们会大量运用“图表+单元格”的方式来制作图表，将图表对齐到单元格就是很自然的事情，所以这种锚定的操作也将会大量运用。

如图 2–16，假设我们要将图表锚定于单元格 B3:B13。首先选中图表，按住 Alt 键，用鼠标拖动图表，这时图表会成整行或整列地移动位置(move)。将图表的左上角对齐在 B3 左上角，这样图表的左上角就锚定于 B3 的左上角了。

然后，再选中图表，将鼠标光标置于图表的右下角，鼠标光标变为双向斜箭头，按住 Alt 键，按住鼠标拽动图表右下角，这时图表会成整行或整列地调整大小(size)。将图表的右下角对齐在 B13 右下角，这样图表的右下角就锚定于 B13 的右下角了。

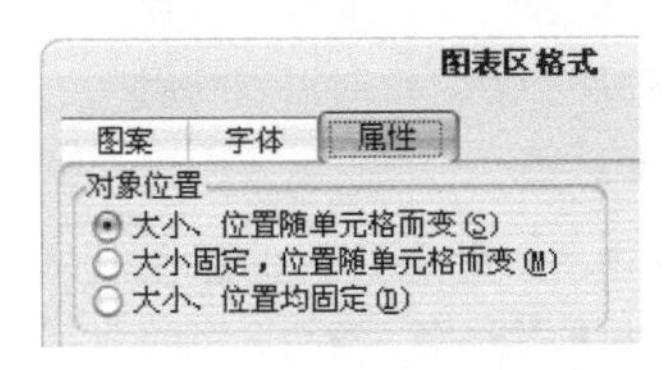

图2–15 新建图表的默认属性是“大小位置随单元格而变”

经过这样的操作，图表就精确锚定于单元格区域 B3：B13 内。如果调整该区域的列宽或行高，则图表会自动跟随变化大小。

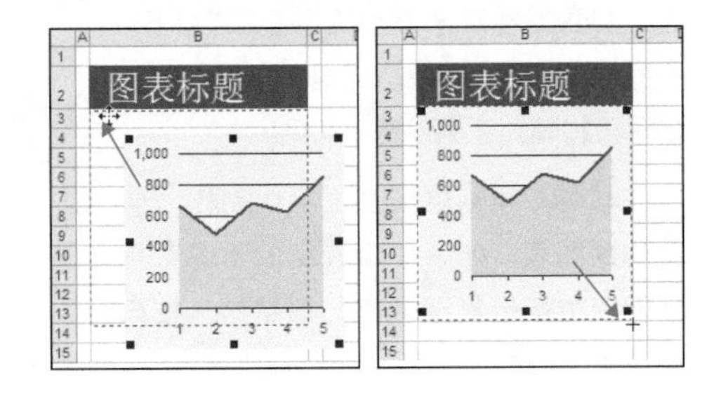

图2–16 锚定操作的示意图

图表锚定于单元格后，我们可以通过调整列宽和行高来调整图表的大小和位置。特别地，当把多个图表都锚定在某一列或行的单元格上，既可实现图表的精确对齐，又可快速批量地调整图表大小，这比通过图表选项逐一调整更灵活方便。观察 P97 图 3–39 中的多个小图表，都是通过锚定方式精确对齐于行或列，从而呈现一种非常专业的外观。

照相机的用途

Excel 有一个奇怪的功能，称作“照相机”，估计 95% 以上的用户都不知道它的存在，或者虽然知道这个功能，但也不知道用它有什么实际用途。其实这是个相当有用的功能，只是“藏在深闺人未识”。

调出和使用照相机功能

一般情况下，照相机功能并没有显示在菜单或者工具栏中，所以普通用户也就无从知晓。可以使用如下方法将其调出来：选择菜单“工具→自定义”，在出现的对话框中选择“命令”选项卡，在左边的类别列表中选择“工具”，在右边的命令列表中找到“照相机”，用鼠标将其拖拽到工具栏合适的地方，放开鼠标，一个照相机的图标按钮就会出现在工具栏中。如图 2–17 所示。

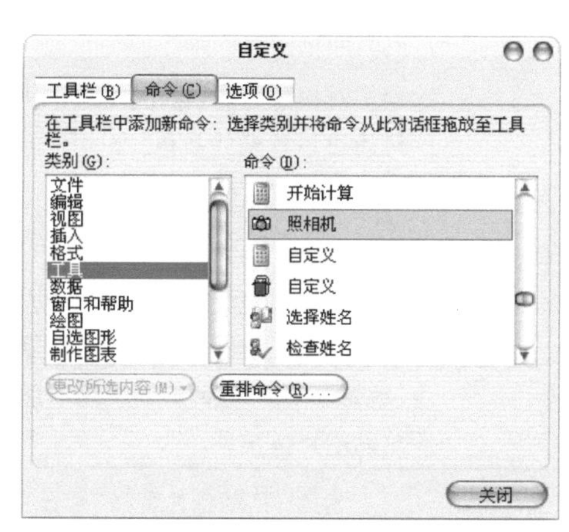

图2–17 “藏在深闺人未识”的“照相机”功能按钮

在图 2–18 中，我们选中一块包含表格和图表对象的单元格区域 B2:G9，单击“照相机”按钮，这时所选区域周围出现闪烁的虚线，鼠标光标也变为十字状态。把十字光标定位到目标位置（可以是其他 Sheet），单击一下，就会出现一个与原区域完全一样的图片对象，处于原区域范围内的所有格式和表格、图表等对象，都被原样复制到这个图片中。

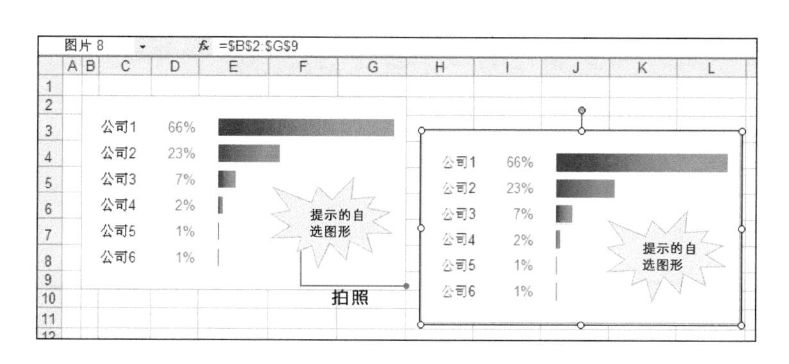

图2–18 选定单元格区域内的表格、图表、自选图形等所有对象都被“拍照”为图片

如果仅仅如此，那么照相机与“复制图片”的功能也没有什么差别了，其特殊之处就在于这个图片是与源区域实时联动的。在源区域范围内的任何变化，都将实时反映到这个图片上，这就是照相机的功能。在图片的公式栏中，显示了其引用的源区域地址。双击这个图片，还可以立即选中源区域。

对拍照后得到的图片，可以进行移动、缩放、旋转等操作。该图片默认有边框线和填充色，可通过设置无线条色、无填充色去掉。一般情况下不建议对拍照的图片进行大小调整，以免长宽比例失调。如果需要调整大小，可直接对原区域进行调整，调整的结果会同时反映在拍照图片中。实在要调整拍照图片大小的话，可按住 Shift 键后再拉动，确保图片不会变形。

使用另外一种方法也可以产生一个拍照图片。在上面的操作中，选中包含表格或图表对象的单元格区域后，按 Ctrl + C 复制，再把鼠标定位到目标位置，然后在按住 Shift 键的同时单击“编辑”菜单，这时你会发现下面的子菜单与平时不一样了，多出了三个选项：复制图片、粘贴图片、粘贴图片链接。

选择“粘贴图片链接”，在目标位置立即产生一个图片。与照相机所得结果一样，这也是个与源区域实时联动的拍照图片。

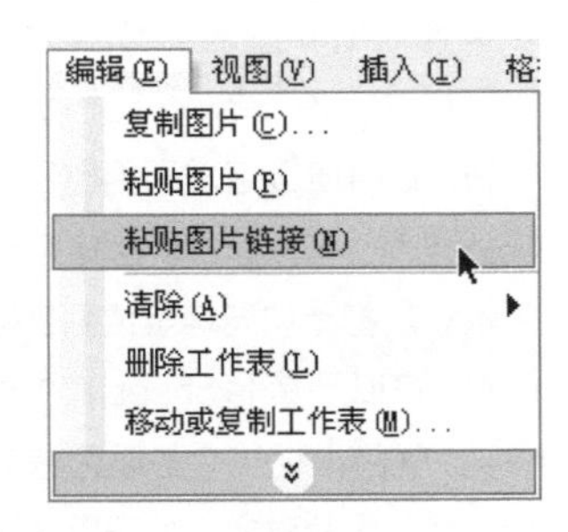

照相机功能的用途

很多人会问，这又怎么样呢，直接使用和修改原区域不更好吗，要照相机究竟有什么用？我理解其主要用途可以概括为“引用与整合”，常见有以下用法。也许看完这些内容后，你还会想出更精妙的用法。

1. 节省打印纸张

我猜测照相机功能的设计初衷，可能是出于打印方面的考虑。将不同 Sheet 里的不同形式的表格拍照引用到一起，可以实现异构表格的混排，甚至是旋转排版，以节省打印纸张。

2. 制作图例

可以用拍照方法来制作图表的图例等附件。第 4 章介绍的华尔街日报的一个图表，其特殊的图例看似复杂，但在单元格中制作却是相当的简单，填色和文字而已，然后拍照为图片引用到图表中的相应位置。利用单元格自制图例，然后用拍照引用，简单便捷，个性十足。如图 2–19 所示。

第 4 章的中国数据地图中的图例，也是这一方法的应用。最后的地图导出，也是利用照相机将多个零散的绘图对象拍照为一个整体，便于引用导出。

3. 旋转表格或图表

通过旋转拍照图片，可以完成一些意想不到的任务。第 4.2 节的不等宽条形图，第 4.7 节的 Bullet 图，都是运用了旋转拍照对象的技术。为什么不直接做条形图呢？因为那样要么无法做到，要么非常复杂。而先做柱形图则很简单，再拍照、旋转，也得到了想要的图表，非常巧妙省事。

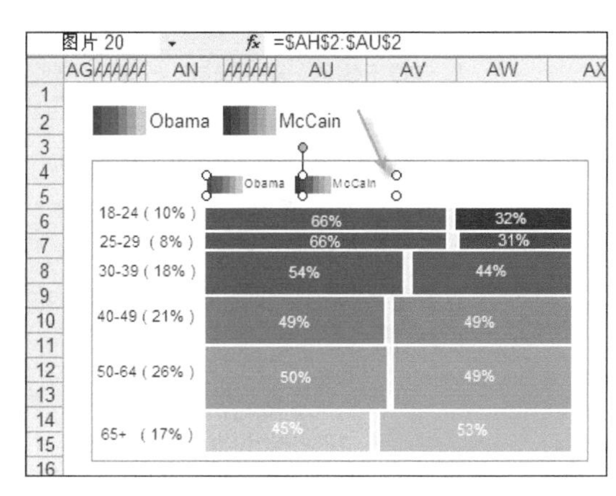

图2–19 此图表的图例是对AH2:AU2单元格区域的拍照引用，在公式栏中可以看到

4. 动态引用的容器

当选中拍照的图片对象时，公式栏中会显示一个引用地址（参见图 2–18 的顶端），这说明图片引用的是某个单元格区域。如果我们把这个公式修改为引用某个名称，而对这个名称进行动态定义，那么这个拍照图片也将是动态变化的。这样我们就可以动态引用不同的区域，以及区域内包含的所有对象。在这种方法里，拍照图片扮演了一个引用容器的角色。

5. Dashboard式报告[1]

在我看来，照相机功能最精妙的应用，应该是制作高度浓缩信息的 Dashboard 式报告。利用拍照技术，将不同工作表中的不同表格、图表等对象，都拍照引用到一个综合的工作表中，进行总体排版布局，制作一份整合的商务报告，便于打印和阅读。

ExcelUser.com 的 kyd 最擅长制作这种 Dashboard 式报告。仔细观察他的文档（图 2–20），你会发现那些表格有着不同的行数、列数、行宽、列高，并不能与当前工作表的行列线一一对应，所以不可能是在当前工作表内制作的。这其实都是拍照技术的应用，引用了来自其他工作表的区域。当然，这需要事先进行精心的内容考虑和布局设计。

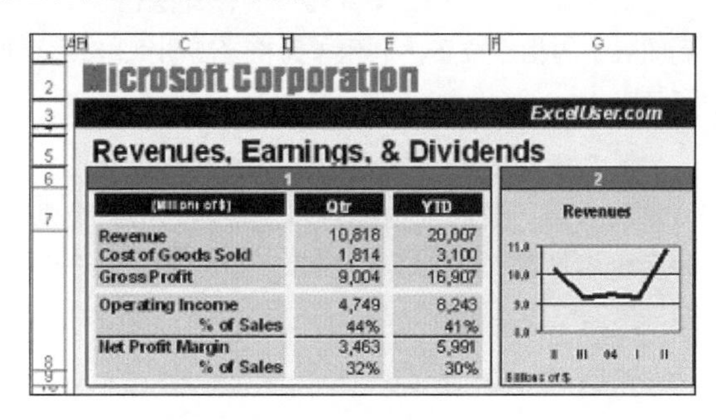

图2–20 通过拍照对象组合排版的Dashboard式报告

例图来源：ExcelUser.com网站。

有一点需要提示的是，照相机功能存在一个小缺陷：当拍照已与单元格锚定对齐的图表时，拍照结果中的图表边框会有所缩小，并不是像原图那样与单元格边框合丝合缝。作为变通的解决办法，可以设置图表无框无填充色至透明，而利用单元格的边框线和填充色来作图表的边框线和填充色，这样拍照后的图片就看不出任何异常了。

1 Dashboard是一种模仿汽车驾驶仪表盘，综合运用表格、图表等元素来反映关键信息的报告形式，译作仪表盘或仪表板。

2.3 Excel图表缺陷及补救

Excel是个非常强大的软件,喜欢它的人甚至认为它无所不能。其图表设置选项也非常灵活,基本上可以实现你想要的各类效果。但也有几个地方,用起来不是那么顺手,也可以算是缺陷吧。事先了解这些缺陷及其解决办法，可以减少很多困惑。

反转条形图的分类次序

在 Excel 中制作条形图时，默认生成图表的条形顺序总是与数据源顺序相反，在大多数情况下，这并不是我们想要的效果。

这时需要在分类轴的格式设置框中，勾选“分类次序反转”选项，才可以让条形的顺序反过来，与数据源顺序保持一致，如图 2-21 所示。这个操作很简单，但条形图是应用非常多的图表类型，每次都要这样做就很繁琐。Excel 为什么不能让条形图的默认顺序就与数据源保持一致呢?

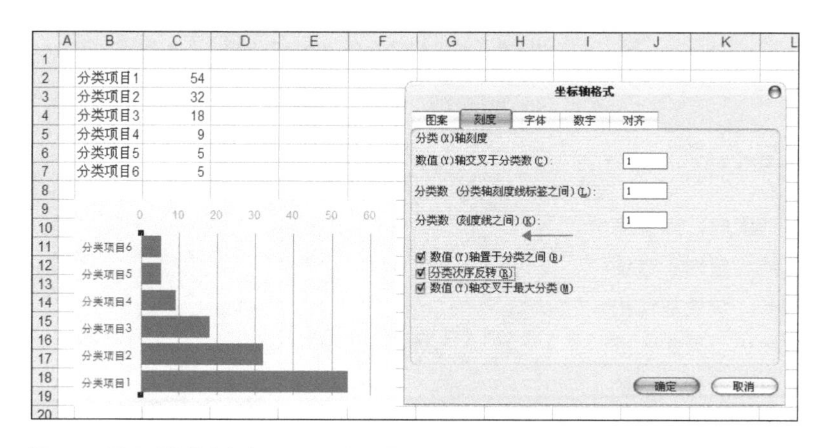

图2-21 需要反转分类次序，才能让条形图的顺序与数据源保持一致

让曲线图从Y轴开始

在 Excel 中制作曲线图时，默认生成图表的曲线总是从 X 轴的两个刻度线之间开始，致使前后都留下半个刻度线的空间。而专业的商业曲线图，曲线一般都是始于绘图区左侧（即 Y 轴），止于绘图区右侧，每个数据点均落在刻度线上。如图 2-22 所示。

修改设置的方法也很简单，在 X 轴的坐标轴格式设置中，取消勾选"数值（Y）轴置于分类之间"选项，即出现图 2-22 中右边的效果。请参见图 2-21 中的对话框。

以上两个小问题，如果 Excel 能自动设置好，就可以节省我们很多时间了。

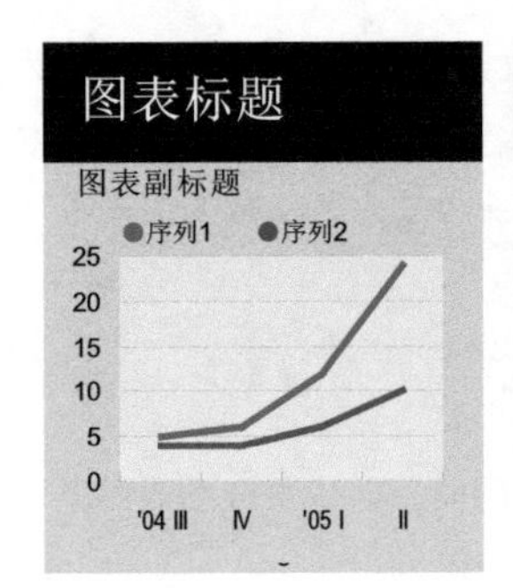

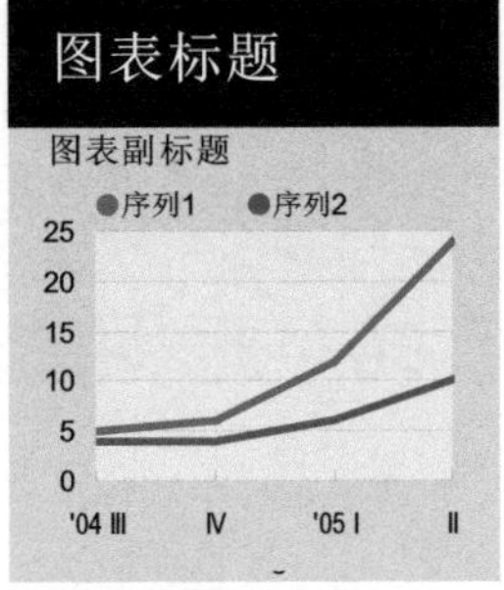

图2-22 曲线图的起点从Y轴处开始会显得更专业，而不是前后都留下一段空间

设置图表的互补色

在做柱形图或条形图时，如果有负数的情况，我们可能希望对正数使用一种颜色表示正增长，对负数使用另外一种颜色表示负增长。可能大家都知道，这时可以在数据系列格式的图案设置中勾选"以互补色代替负值"实现。如图 2-23 所示。

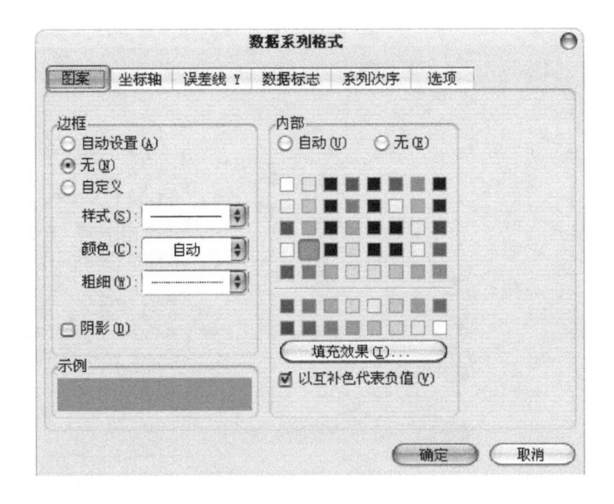

图2-23 以互补色代表负值

所谓互补色，按照一般人的理解，如果对正数填充为某个颜色，Excel 应该自动对负数填充为相应的互补色。但 Excel 却不是这样理解的，无论你如何调整正数的填充色，那个负数的填充色始终都是白色的，无法修改。所以很多人只好将源数据分离为正数和负数两个系列后再作图，然后对这两个系列分别设置填充色。

其实，要想将柱形图或条形图的负数设置为指定的互补色，还是有一种办法可以直接设置实现，而不必借助辅助数据。具体做法如下。

1. 用含负数的源数据作柱形图或条形图。
2. 选中数据系列，在其格式设置中勾选“以互补色代表负数”，确定。这时图表的负数是白色的。如果你尝试修改填充色，这个白色并不会跟随改变。
3. 还是在数据系列格式中，选择“图案→填充效果→渐变→双色→颜色2”，这个颜色2就将是我们图表的互补色，设置其为红色，确定。如图2-24所示。
4. 回到数据系列格式，继续确定。这时图表变成了双色渐变的填充效果，还不是我们想要的结果。
5. 再次进入数据系列格式，设置填充色为绿色，确定。这时再看图表，渐变的效果已消失，正数的颜色是刚才选择的绿色，负数的颜色就是那个颜色2（红色），实现了我们想要的效果。如图2-25所示的效果。

如果你继续改变图表的填充色，那个互补色还是不变化。令人费解的是，既然是互补色，为何不跟随主色变化呢? 不过，这个方法仅适用于 Excel 2003，2007 版本已不再支持。

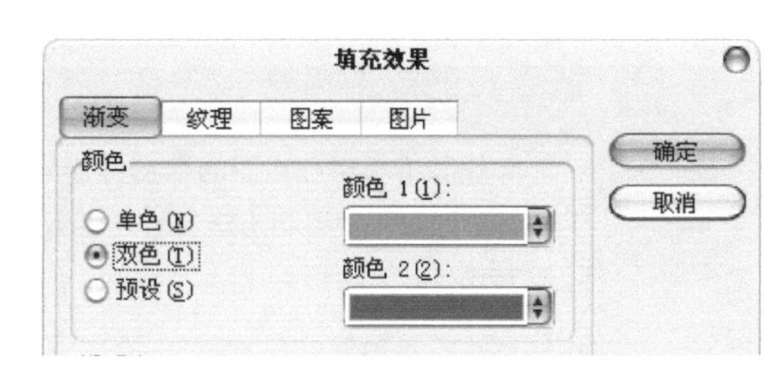

图2-24 利用数据系列的双色填充

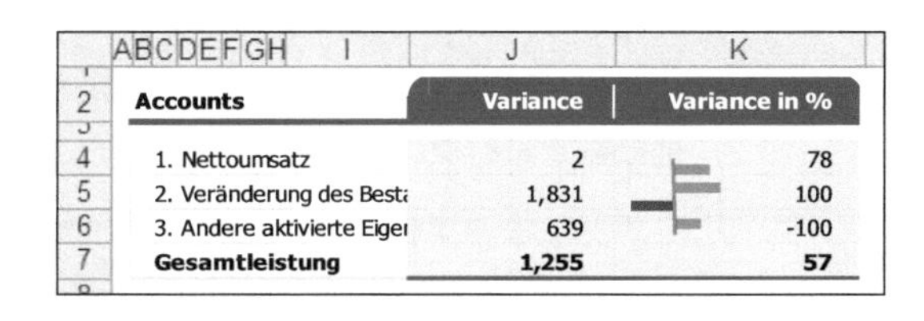

图2-25 使用图表的互补色选项来反映正负数

解开散点图的困惑

散点图常用来表现分布和相关性，看一组变量的 x、y 之间是否存在相关性，也常用来制作象限图、矩阵图等。用 Excel 制作散点图存在两个缺陷问题，令很多人困惑不已，即使在 Excel 2007 中也还没有解决，我们无法知道微软是怎么考虑的。

散点图数据源的选择

做散点图的时候，选择数据源的方式与其他图表不一样，这是需要注意的。

作图 2–26，我们必须仅选择 x、y 值所在的 C~D 列，而不能包含分类名称所在的 B 列，然后点击图表按钮，才会顺利出现想要的散点图。如果你包含了分类名称列，则无论数据源使用在行或在列方式，都不会出现你想要的散点图样子。

散点图的数据标签

一般我们希望散点图的数据标志显示为各数据点对应的名称，但在“数据标志”里的几个选项，无论如何设置均无法实现这种效果，这是个严重的缺陷。所以很多人只好手动标上文字，不胜其烦。

解决办法1 手动链接

如果数据点不是很多，我们可以手动链接标签。先设置显示数据标志为系列名称，这时每个数据标签都显示为一样的值，如“系列 1”。然后选中其中一个标签（如公司 1 的），然后将鼠标光标定位到公式栏，输入=，再用鼠标点击对应数据点的标签名字的单元格（如 *B3*），按回车键，公式栏会变成：=*Sheet1!$B$3*，则这个数据标签被链接到 *B3*，显示为 *B3* 中的值。逐一对其他数据点进行类似处理即可。

解决办法2 使用标签修改工具

不过，我强烈建议大家使用一个名叫 XY Chart Labeler 的标签修改工具，可以到下面的地址免费下载这个工具：

`http://www.appspro.com/Utilities/ChartLabeler.htm`。

XY Chart Labeler 的主要用途是为散点图添加数据标签，显然是微软的缺陷导致了这个工具的产生。安装这个工具后，在 Excel 的“工具”菜单下会出现一个 XY Chart Labels 的子菜单，包含 3 个选项：

- Add XY Chart Labels：为数据系列添加数据标签，可以指定为任意位置的数据；
- Move XY Chart Labels：精确微移数据标签的位置；
- Manual Labeler：手动指定数据标签，包括输入固定的文本。

最常用的就是第一个功能。如图 2-26，我们先选中散点图的数据系列，然后点击菜单“工具→XY Chart Labels → Add XY Chart Labels ”，出现 Add Labels 的对话框，在 Select a Label Range 输入框中用鼠标指定想引用的单元格位置 B 列，确认后，每个数据点旁就出现了 B 列的公司名，操作非常方便。范例

这个小插件为我们制作图表提供了极大的方便，我们可以用它为任意图表的任意系列指定任意的标签，有很多巧妙的应用，是经常制作图表的数据分析人士必备之利器。

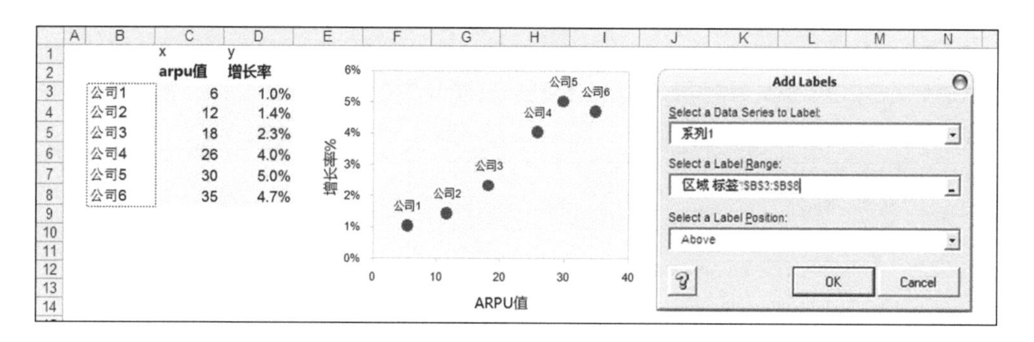

图2-26 使用XY chart labels为散点图添加数据标签

多系列的散点图

如果我们要制作包含两组或两组以上 xy 数据系列的散点图，你会发现并不能像制作多系列的柱形图一样选中多组数据然后一次做到。你需要先完成一组 xy 数据的散点图，然后通过图表的源数据对话框，逐一添加另外的 xy 数据系列。这些数据是独立的数据系列，所以可以分别进行格式化。

带象限的散点图

散点图经常要做成有 4 个象限的样子，以对各数据点所处的位置分别进行评判。

方法 1　可以通过在 *X* 和 *Y* 坐标轴的格式中设置刻度交叉于指定的刻度，可使 *X*、*Y* 轴相交在图表的中间位置。

方法 2　用辅助数据的误差线来绘制象限。因为我们经常会用平均水平作为原点，参照评判各公司的位置，所以这个辅助数据往往就是各数据点的平均值。范例

如图 2–27，在完成散点图后，先固定好 *X*、*Y* 轴刻度的最大值和最小值，然后将 C11:D11 作为辅助数据添加到图表中，并为其添加误差线 X 和 Y，在误差量的自定义框里随意输入一个超过坐标轴最大刻度的值（例图中如 100），误差线 X 和 Y 就正好把绘图区划分成了 4 个象限。这个方法的好处是，这个交叉原点可以用鼠标任意拽动（前提是 C11:D11 不是公式），很方便地调整原点位置。

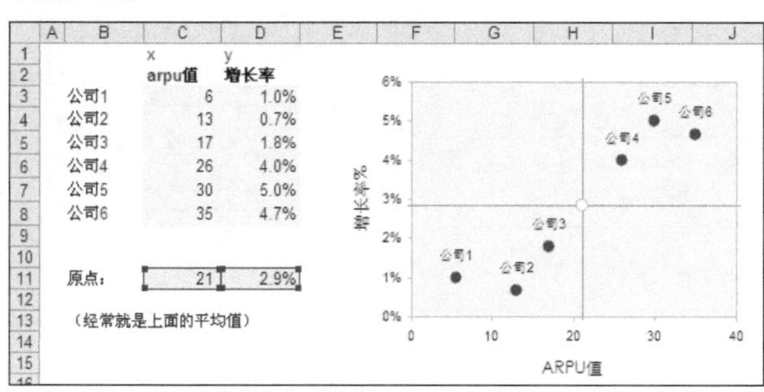

图2–27 用辅助系列的误差线绘制分隔象限的坐标

方法 3 用绘图区的填充图片来绘制象限。范例

如果需要制 4 个象限分别填充不同颜色的矩阵图，可以绘制 4 个正方形，填充不同的颜色，形成一个矩阵，截图保存为图片。然后将这个图片填充到散点图的绘图区。如图 2–28 所示。

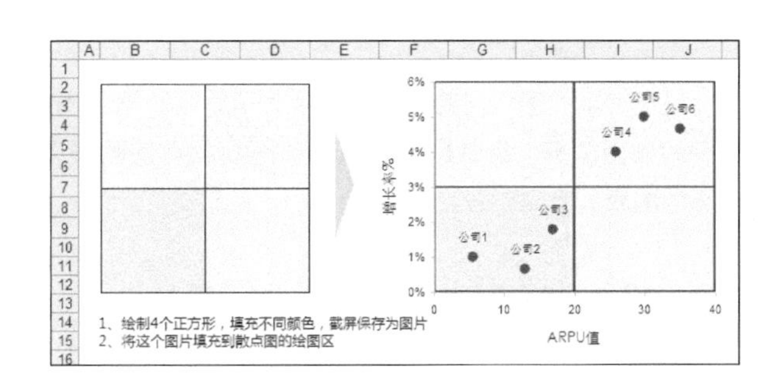

图2–28 绘制一个有4个色块的图片，填充到图表的绘图区，成为4个象限

方法 4 用辅助的堆积柱形图绘制象限并填色，做法稍微复杂，如图 2–29 所示。范例

1. 首先用蓝框中的辅助数据制作一个堆积柱形图，通过设置分类间距、填充色使之成为4个象限的样子。
2. 通过分别勾选X、Y轴格式中的"…交叉于最大分类值"的选项，将坐标轴移到绘图区的上侧和右侧。这是关键技巧，目的是为了给真正数据要用的坐标轴留下位置。

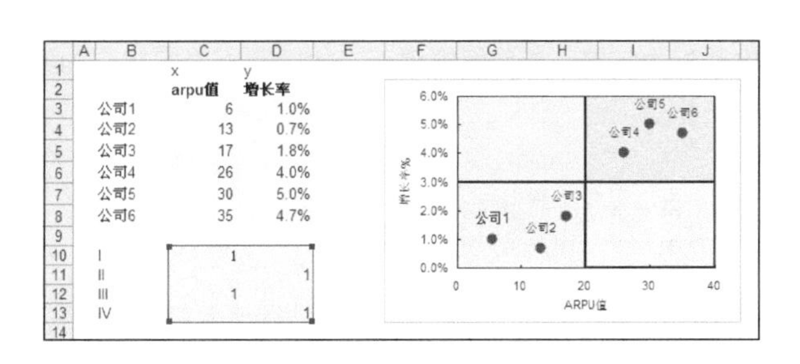

图2–29 象限的填色来源于辅助系列所绘制的堆积柱形图

3. 然后将真正的数据加入图表，设置为散点图，置于次坐标轴；在图表选项中唤出次X轴，在常规坐标轴位置出现我们需要的坐标轴。再进行一些格式化，就可以达到图中的象限图样式。这里只做简单介绍，有兴趣的朋友请参阅范例文件仔细研究。

2.4 作图数据的组织技巧

对于简单的图表，我们可以直接使用原始数据作图，但对于较为复杂的图表，则应该准备专门的作图数据。经过良好组织的作图数据可使图表思路更清晰，一些精巧的组织更可完成精巧的图表。

原始数据不等于作图数据

很多时候原始数据可能并不符合作图的要求，比如它是正式表格的一部分，不便因为作图需要而进行相应调整，所以很大程度上限制了图表的选择和制作。较好的做法是，我们应该建立这样一个思路和习惯，*为图表准备专门的作图数据*。当作图数据与原始数据松耦合的情况下，作图就有了很大的自由空间，可以根据需要对数据进行各种组织、编排、增加辅助系列等。

如果数据源是经常变化的，为提高智能性，我们可以使用链接方式，建立从原始数据到作图数据的链接，然后根据需要对作图数据进行相应的组织。这样最后的图表仍能随原始数据而变化。

作图前先将数据排序

在使用条形图、柱形图、饼图进行分类对比时，除分类名称有特殊顺序要求的情况外，专业人士一般都会先将数据进行降序或升序的排列，做出的图表也将呈现排序的效果，便于阅读和比较。

如果是在一个需要自动刷新的模型中，我们可使用一个简单的技巧，在不改动原数据的情况下，让图表实现自动排序。如质量管理中的帕累托图（Pareto Diagram），就需要具备自动排序的特性。

在图 2–30 中，以第 5 行为例：

E 列的公式为 =C5+ROW()/100000，它在原数据后面加上一个不影响比较的小数，目的是为了区别原数据中值相同的行；

H 列的公式为 =LARGE($E$5:$E$13,F5)，将 E 列的数据降序排列；

G 列使用公式 =INDEX($B$5:$B$13,MATCH(H5,$E$5:$E$13,*0*))，注意参数 *0* 指定了精确查找模式，返回相应的分类名称；

图表以 G~H 列为数据源，所以就具备了自动排序的功能。范例

若要数值相同的情况下先出现的排在前面，E 列的公式可以写成 =C5+(0.001–ROW()/100000)。

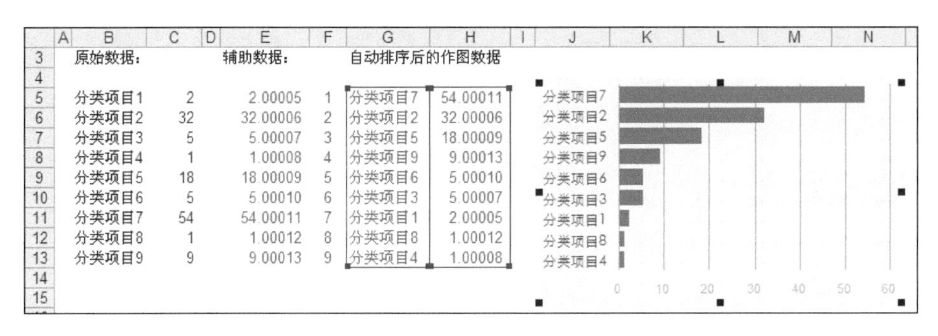

	A	B	C	D	E	F	G	H
3		原始数据：			辅助数据：		自动排序后的作图数据	
4								
5		分类项目1	2		2.00005	1	分类项目7	54.00011
6		分类项目2	32		32.00006	2	分类项目2	32.00006
7		分类项目3	5		5.00007	3	分类项目5	18.00009
8		分类项目4	1		1.00008	4	分类项目9	9.00013
9		分类项目5	18		18.00009	5	分类项目6	5.00010
10		分类项目6	5		5.00010	6	分类项目3	5.00007
11		分类项目7	54		54.00011	7	分类项目1	2.00005
12		分类项目8	1		1.00012	8	分类项目8	1.00012
13		分类项目9	9		9.00013	9	分类项目4	1.00008
14								
15								

图2–30 通过自动排序的辅助数据，让图表也具备自动排序功能

将数据分离为多个系列

为便于进行图表格式化，我们经常将一个数据系列分离为多个数据系列，对每个数据系列单独进行格式化，做出类似于条件格式的效果。一个简单、典型的用法，就是对图表中高于和低于平均水平的数据点进行区别的格式化。

图 2-31 中，使用 IF 函数将 C 列的原数据分离为高于平均的 E 列和低于平均的 F 列，用 E~F 列数据做堆积柱形图，并分别填色，就实现了图表的自动条件格式化。范例

类似的应用方法还包括始终标识图表中的最大值或最小值，等等。

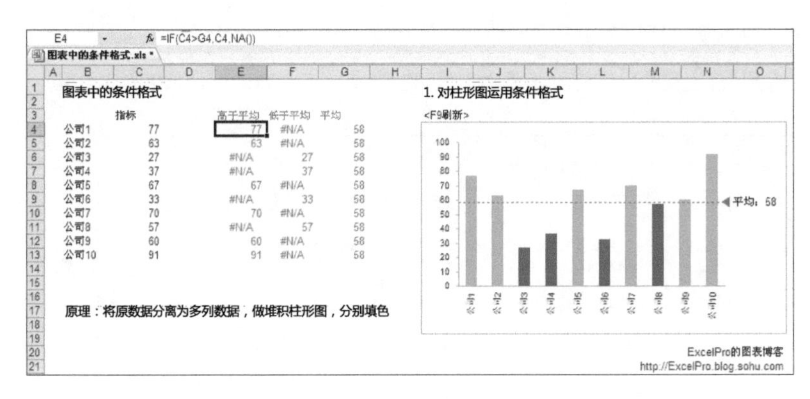

	指标	高于平均	低于平均	平均
公司1	77	77	#N/A	58
公司2	63	63	#N/A	58
公司3	27	#N/A	27	58
公司4	37	#N/A	37	58
公司5	67	67	#N/A	58
公司6	33	#N/A	33	58
公司7	70	70	#N/A	58
公司8	57	#N/A	57	58
公司9	60	60	#N/A	58
公司10	91	91	#N/A	58

图2-31 通过数据分离制作具备条件格式特性的图表

将数据错行和空行组织

通过对数据的巧妙排列和组织，可以制作一些看似无法完成的图表。以图 2–32 中的柱形图为例，它同时具备簇状图和堆积图的特征，Excel 并没有这种复杂的图表类型，它是如何制作出来的呢?

假设我们有图中第 3~7 行的数据，通过“错行”和“空行”，组织为第 10~21 行的形式，然后以该区域做堆积柱形图，将柱形图的分类间距设置为 30%左右，就可以得到图 2–32 中右边的图表效果。请参见范例文件。范例

如何理解这样组织数据的原理呢? 我们可以把这个图表看作一个简单的堆积柱形图，想象空隔的地方也有一个高度为 0 的柱子。“错行”使每个柱子或者显示 C 列 (如第 11 行)，或者显示 D 和 E 列 (如第 12 行)；“空行”则使相应的柱子什么都不显示 (如第 13 行)，每两个柱子之间出现一个空隔，从而达到了既堆积又簇状的样式。

在这个例子中，要将 *X* 轴分类刻度的文字与柱形图居中，需要一点技巧。我们是通过图 2–33 中 xy 辅助数据的加入，绘制一个散点图来模拟显示 *X* 轴分类刻度的文字。

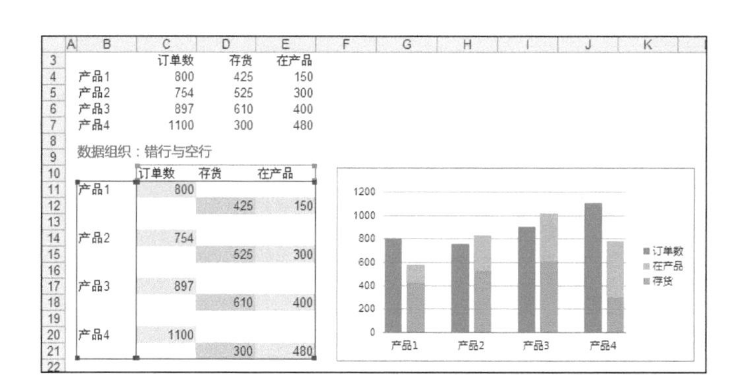

图2–32 通过数据的错行与空行组织，可以制作一个簇状 + 堆积的柱形图

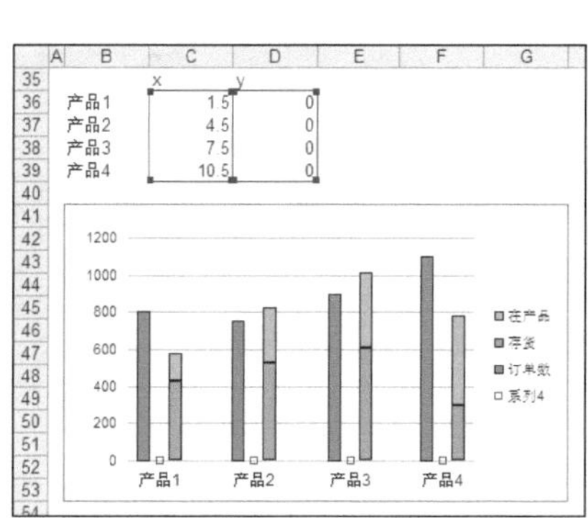

图2–33 利用散点图标签让分类文字与可见柱形图居中对齐

2.5 利用辅助数据的作图技巧

利用辅助系列作图是一种较为高级的思路和技巧，顾名思义就是用辅助的数据系列来完成一些特定的任务，或者实现一些 Excel 图表本身并不支持的效果，本书第 3、4 章的大部分做法都会利用到辅助系列。这里举例介绍一些辅助系列的常见用途和做法。

自动绘制参考线

经营分析中经常需要给图表绘制一条或多条参考线，如平均线、预算线、预警线、控制线、预测线等。如果用手工绘制，难以准确对齐不说，麻烦的是一旦数据发生变化就需要手工调整。如果用辅助系列绘制的话，则既精确又智能。

图 2–34 示意了使用曲线图绘制平均线的方法。图中 D 列平均数据由函数自动计算得出，将其加入图表后设置图表类型为曲线图，即可成为一条参考线，非常简单。还可以利用散点图的误差线来绘制参考线，可参见范例文件。范例

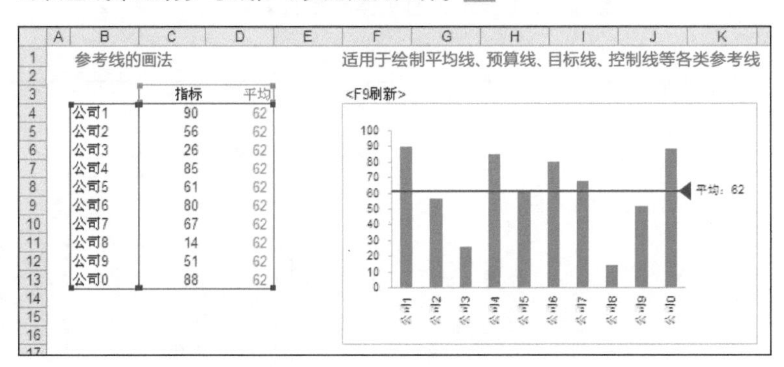

图2–34 用辅助系列绘制参考线，精确且能随数据自动变化

实际工作中可能需要绘制多条的参考线，如绩效衡量的优、良、差，或者质量控制图的上限和下限，其制作原理与此都是一样的。

需要提醒的是，如果要对条形图绘制一条垂直的参考线，情况会复杂一些。你会发现用曲线图是无法成功的，因为 Excel 的曲线图总是水平而不会是垂直的。这时我们可组织辅助数据为 xy 的形式，加入图表做散点图，就可以绘制一条垂直的参考线，如图 2-35 所示。范例

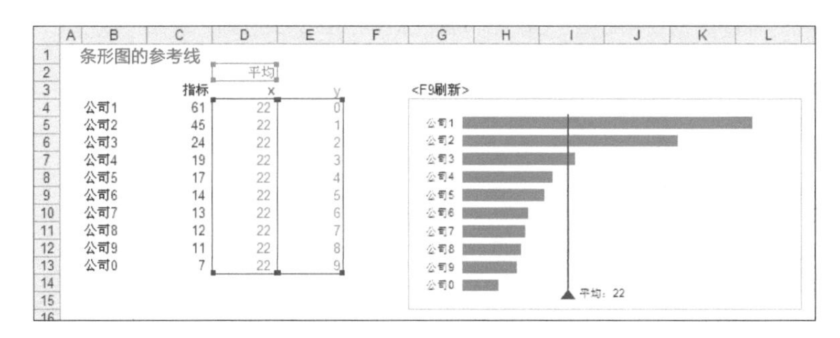

图2-35 条形图中的垂直参考线是用D~E列的数据绘制的散点图

显示汇总的数据标签

某些情况下，我们会利用隐藏的辅助系列来显示其他系列的数据标签。图 2-36 中，我们希望在堆积柱形图的顶端显示汇总值。则可把 E 列的汇总值作为辅助系列加入图表，设置为曲线图，数据标志显示为值，位置为上方，就成为整个柱形图的汇总值标签。然后把曲线图本身设置为无线无点，隐藏起来。范例

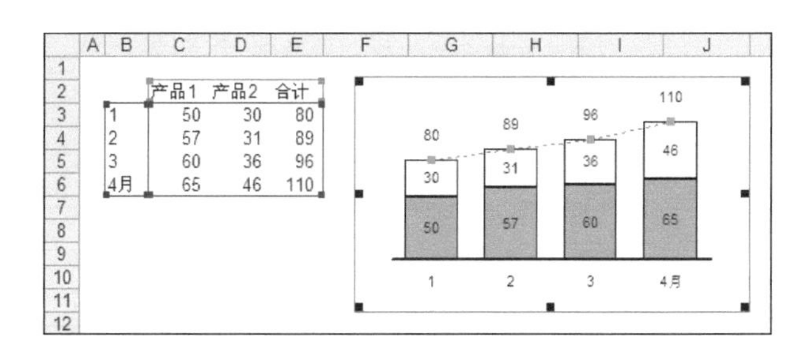

图2-36 堆积柱形图顶端的合计值其实是隐藏的曲线图的数据标志

突出标识特定的数据

当我们需要将图表中的特定时期、数据点进行突出标识时，可以使用辅助系列来完成。比较典型的应用是，有些数据经常随周末、节假日呈现规律地变化，我们希望将节假日的数据点标识出来。

在图 2–37 中，D 列的辅助数据使用公式：D4 = IF(WEEKDAY(B4,2)>5,1,0)，遇周末返回 1，工作日返回 0。我们使用 B~D 列数据制作曲线图，然后将 D 列数据的图表类型调整为柱形图，放到次坐标轴，再进行一些格式化，就可以达到图中的效果，清晰地反映了数据变动的周期规律。范例

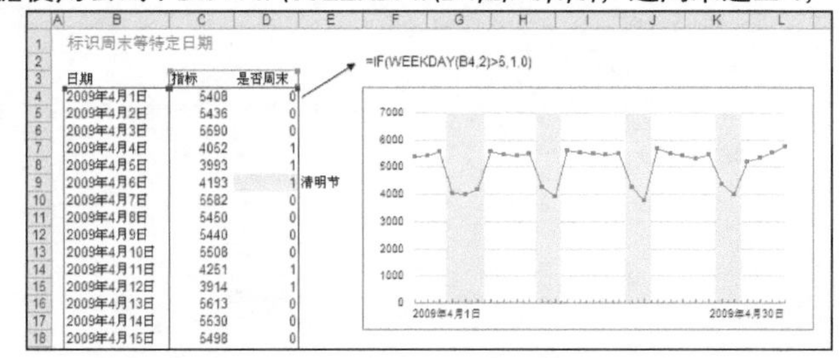

图2–37 利用辅助数据制作柱形图，突出标识节假日等特定日期的数据点

占位

占位是使用隐藏的辅助系列来占据位置，从而使可见系列出现在需要的位置。漏斗图是一个占位技巧的简单例子。

漏斗图是一种形象反映销售漏斗逐步缩窄的图表。在图 2–38 的示意图中，D 列的辅助数据被用来“占位”，将 C 列的条形图“挤”到居中对齐的位置，形似一个漏斗。其中 D 列的公式为：D4=($C$4–C4)/2。范例

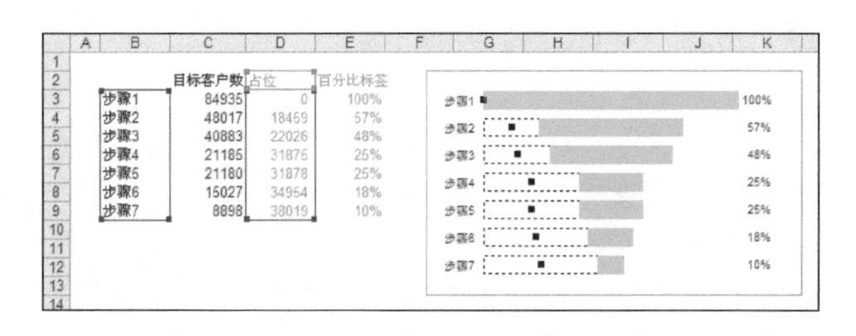

图2–38 漏斗图的技巧是使用隐藏的辅助系列占位，将可见系列“挤”到居中的位置

在第 4.1 节的瀑布图制作中，我们利用隐藏的辅助系列占位，使其他系列有“悬空”的效果，也是这一技巧的运用，参见图 4–3。

模拟坐标轴、网格线

当需要的图表效果无法通过 Excel 的选项设置出来时，可以考虑使用辅助系列来完成，诸如自定义的刻度线、网格线、分类标签，等等。

经常阅读财经杂志的朋友会注意到，杂志上经常使用一种对数坐标、不等距刻度的图表来反映股价变化，因为对炒股而言我们更关注股价的相对涨幅而不是绝对涨幅。在 Excel 中设置 *Y* 轴为对数刻度可以满足这一要求，但刻度总是呈 1、10、1000……的变化，我们无法自定义其起始刻度和刻度间距。这时可使用辅助系列模拟制作自定义的坐标轴刻度线。

在图 2–39 中显示了这个图表的制作技巧。范例

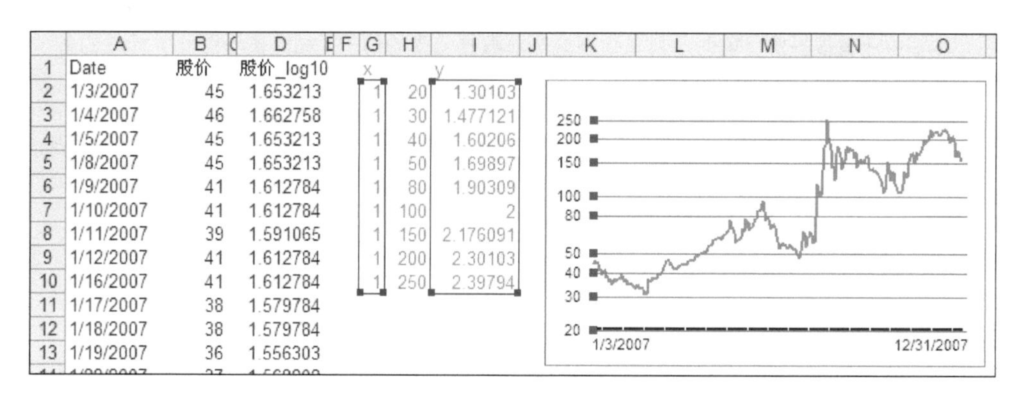

	A	B	D	G	H	I
1	Date	股价	股价_log10	x		y
2	1/3/2007	45	1.653213	1	20	1.30103
3	1/4/2007	46	1.662758	1	30	1.477121
4	1/5/2007	45	1.653213	1	40	1.60206
5	1/8/2007	45	1.653213	1	50	1.69897
6	1/9/2007	41	1.612784	1	80	1.90309
7	1/10/2007	41	1.612784	1	100	2
8	1/11/2007	39	1.591065	1	150	2.176091
9	1/12/2007	41	1.612784	1	200	2.30103
10	1/16/2007	41	1.612784	1	250	2.39794
11	1/17/2007	38	1.579784			
12	1/18/2007	38	1.579784			
13	1/19/2007	36	1.556303			

图2–39 自定义的对数坐标和刻度线

1. 首先将B列的股价数据取对数，D2=LOG10(B2)，转换为D列的对数数据。
2. 以D列数据制作曲线图。此时的曲线图虽是普通的曲线图，但相对于原B列数据就是对数坐标的了。然后我们可以自定义*Y*轴的最大值和最小值，本例中设为2.5和1.3，使上下空间都显得比较合适。
3. 根据需要，组织G~I列的辅助数据，其中H列为想在*Y*轴显示的自定义刻度值，I列为其取对数后的值。

4. 将G、I列作为xy数据加入图表做散点图，正好在Y轴位置出现不等距的刻度。
5. 为散点图添加误差线X，设置其误差量足够大，本例中为500，模拟不等距的网格线。
6. 使用XY chart labeler设置散点图的标签为H列，即取对数前的原始股价，位置在左边，模拟坐标轴刻度标签。然后隐藏图表本身的Y轴和网格线，其他格式化至例图效果。

在这个例子中，综合应用了多项图表技巧，如取对数是作图数据的组织技巧，不等距刻度是辅助系列的应用技巧，刻度标签是标签工具的应用技巧，网格线是误差线的应用技巧。因此，综合应用各类技巧，将让我们做出许多看似不可能实现的图表。

本书中还有很多使用辅助系列来绘制这些非数据元素的例子，如对条形图分类标签的各种处理方式，隔行填色的网格线背景，瀑布图中的连接横线，等等，均是这种思路的应用，请参阅相应章节内容。

第 3 章

像专业人士一样处理图表

有了突破常规的作图思路和进阶高手的技术准备，我们已经具备了制作出专业外观图表的能力。但若没有长期的实践积累，不了解商业图表的最佳实践，极容易想当然和闭门造车，还是难以做出真正专业和有效的图表。

本章将介绍一些专业图表的常见效果及其实现方法，一些特殊场景下的图表选择和处理方式，以及一些对系列组图的组织手法。这些做法都是图表编辑们历经检验的最佳实践，我们在实际工作中完全可以充分借鉴。

3.1 常见图表效果的实现

商业杂志上常有些效果很好，但 Excel 没有相应设置的特殊图表样式，我们来看看使用 Excel 如何才能达到类似的效果。

隔行填色的网格线

早期的《商业周刊》图表，非常多地使用绘图区按网格线交替填色的效果（如图 3–1 所示），这是杂志图表的典型风格。很多朋友都希望能做出这种效果，但苦于 Excel 中没有这种设置而无法达成心愿。这里介绍两种方法来实现。

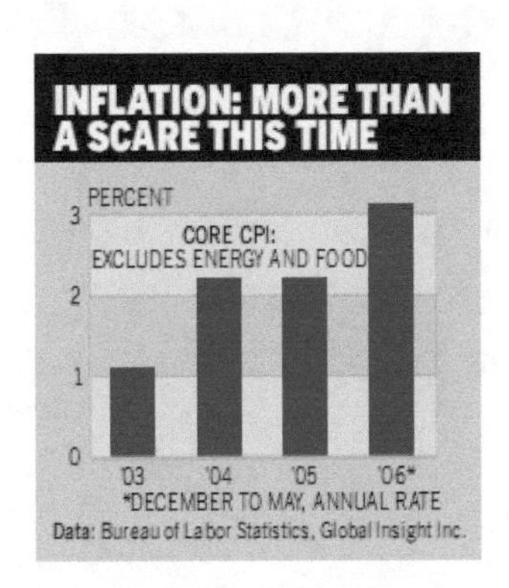

图3–1 图表背景按网格线隔行填色的效果
例图来源：《商业周刊》杂志。

方法1 单元格底色法范例

作图思路：前面说过要运用“图表+所有 Excel 元素”来制作图表。我们把图表做成透明的，把隔行填色的效果想象成图表下面的单元格的底色，这些单元格是交替填色的，并与图表的绘图区和网格线恰好对齐。

如图 3-2 所示，我们先制作一个完全透明的图表，根据图表网格线的情况，将单元格 H3~J7 填充以灰色，I4 和 I6 填充以白灰色，形成交替填色的效果。然后将完全透明的图表放置在灰色区域之上，通过调整图表大小和行高列宽，将单元格的边线对准图表的绘图区和网格线，使图表的绘图区看起来具有隔行填色的效果。这个做法很简单，适合初级基础的朋友。

注意对齐的技巧，可先设置图表的属性为“大小固定、位置随单元格而变”，再通过拖放行列线来对齐图表，而不是拖动图表来对齐行列线。

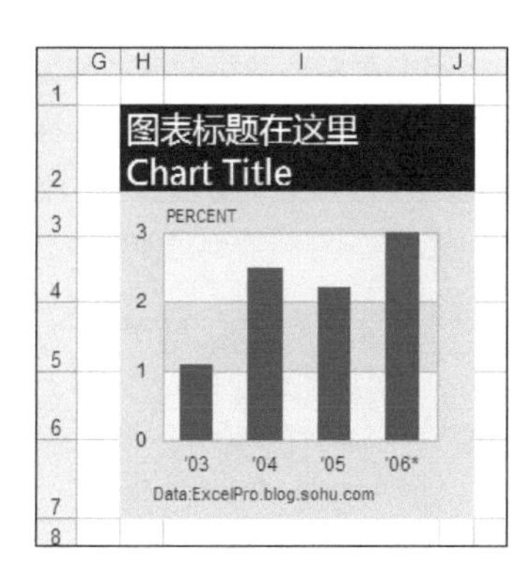

图3-2 图表是完全透明的，隔行填色的效果来源于单元格的填充色

方法2 辅助系列法范例

作图思路：前面介绍过用辅助数据来实现特殊效果的思路和做法。我们把隔行填色的背景想象为一个条形图，条形图的数据点间隔出现，从而产生交替填色的效果。但如果我们直接制作条形图+柱形图，条形图就会挡在柱形图前面，因此需要采用一定的技巧让它处于后面。请找到并打开范例文件对照阅读。

1. 如图3-3，建立D列的辅助数据。辅助数据按0、1、0、1交替变换，对应交替填色的效果。其行数取决于完成后图表的*Y*轴刻度间隔数，如本例中*Y*轴有3个刻度间隔，则需要3行，以此类推。

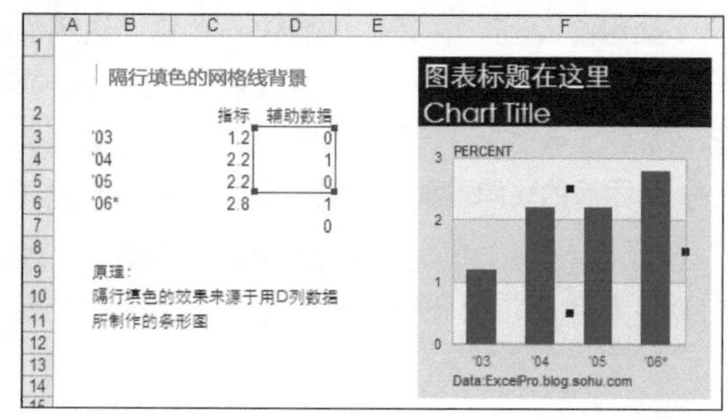

图3-3 用辅助系列制作一个条形图来模拟交替填色的绘图区背景

2. 用D列辅助数据制作条形图，并分别在*X*、*Y*轴的“坐标轴格式→刻度”中勾选“数值（*Y*）轴交叉于最大分类”和“分类（*X*）轴交叉于最大值”选项，使*X*、*Y*轴都转换到对面位置，即绘图区的右边框和上边框。见图3-4。

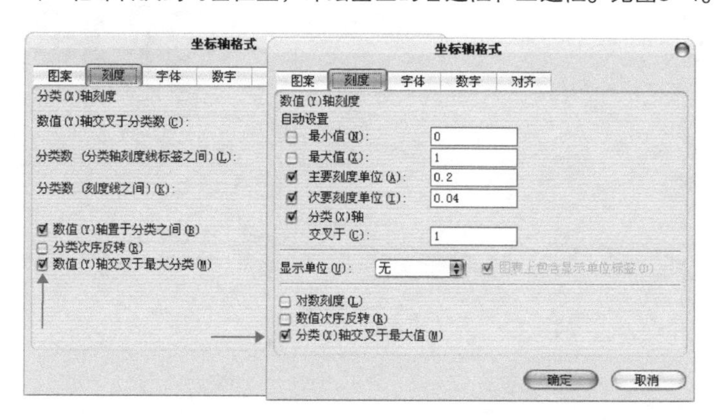

图3-4 将主坐标轴放到常规位置的对面

请注意，这是本方法的关键技巧之一，目的是为了把常规的坐标轴位置留给真正要制作的柱形图。

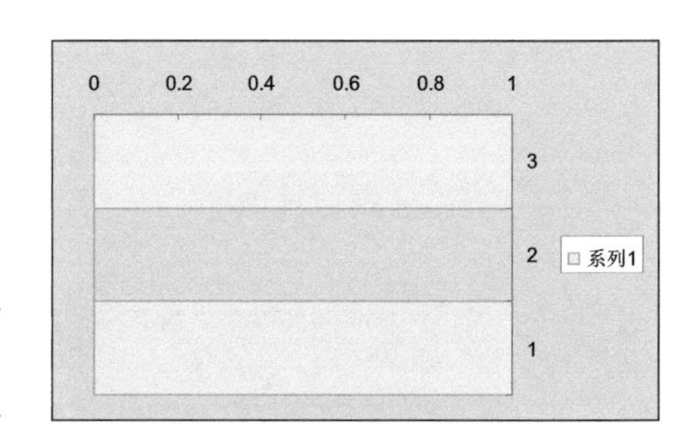

图3-5 完成隔行填色效果的半成品图表，X、Y坐标轴均位于次要位置

3. 设置数值轴最大刻度为1，条形图的分类间距为0，对图表区、绘图区、条形图分别进行填充色和边框线设置，使之形成如图3-5的图表背景效果。我们可以把它看作是一个半成品的图表容器，下面再把真正的数据加进来。

4. 将B~C列的原数据加入图表。此时或许看不到其图形，不过没关系，通过图表工具栏选择该系列，设置其图表类型为柱形图。这时Excel会自动为柱形图启用次*X*、*Y*坐标轴，且正好处于常规的位置，即绘图区的下边框和左边框。现在图表应该如图3-6，已经呈现我们想要的样子，剩下的只是一些格式化工作了。

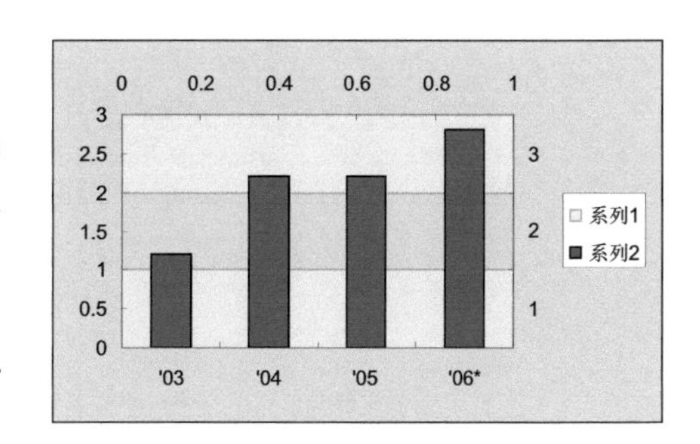

图3-6 处于常规坐标轴位置的其实是次坐标轴

5. 删除或隐藏不需要的主*X*、*Y*坐标轴，删除图例，进行一些其他格式化，即可至图 3-3中的样式。完成的图表与图3-1中的杂志效果毫无二致，我们真的可以认为杂志编辑就是这样做的。

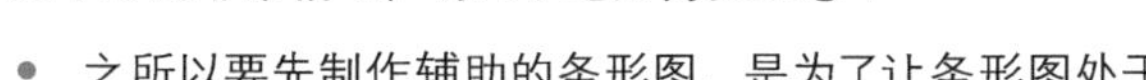

这个方法非常精巧，有几个地方需要注意：

- 之所以要先制作辅助的条形图，是为了让条形图处于柱形图后面，不至于挡住柱形图。若是制作隔行填色的曲线图则无此要求；
- 而将主坐标轴置于次坐标轴的位置，是为了给看似主坐标轴的次坐标轴腾出位置；
- 第 4 步中原数据系列也可以做成曲线图、簇状或堆积的柱形图等，可以继续添加数据系列；
- 如需增加隔行填色的行数，只需增加辅助系列的行数即可，但要注意与次 *Y* 轴的刻度匹配。

本书范例文件中包含了一个隔行填色的图表模板，读者只需填入自己的数据，简单设置隔行填色的行数，即可自动获得一个精美的隔行填色效果图表。范例

粗边面积图

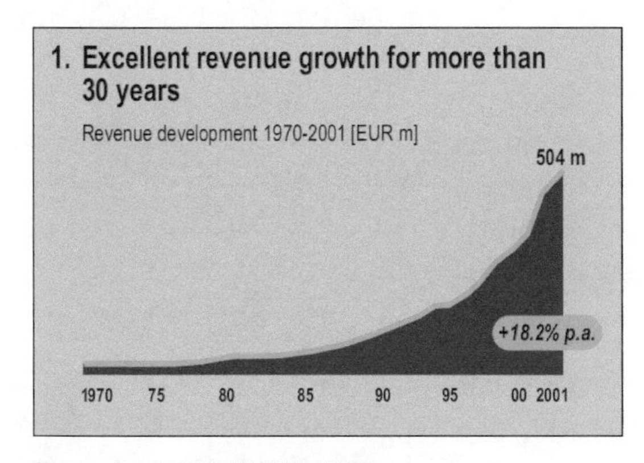

图3–7 令人印象深刻的粗边面积图
例图来源：罗兰·贝格公司网站。

商业杂志上经常会见到图 3–7 中粗边的面积图。它的上边粗且亮，非常突出，给人以强烈的趋势感；下面的阴影部分起支撑作用，给人以稳定感。这样的图表形式适合反映单系列的时间趋势。

作图思路：这显然是一个面积图，但如果我们设置面积图为粗边，结果四周都会出现粗边，不是我们想要的效果。其实现的技巧是我们将同一数据源两次加入图表，制作一个曲线图+面积图的组合图表，见图 3–8。范例

1. 首先以B~C列的源数据作曲线图。
2. 使用前面介绍的拖入法或粘贴法，将该源数据再次加入图表。这时图表是两条完全重合的曲线。
3. 设置后加入的系列为面积图。这时图表是一个包含曲线图和面积图的组合图表，初步呈现例图的效果 。

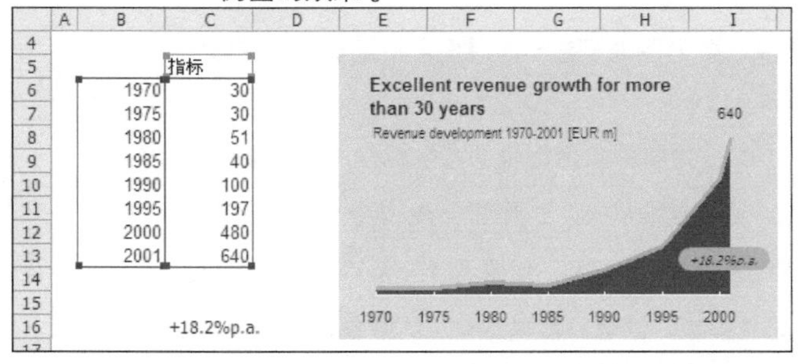

图3–8 将同一数据源两次加入图表

4. 设置面积图无边框，设置曲线图为粗线型，进行其他格式化，可实现图中效果。

一个图表可以加入多个数据源，同一数据源也可以多次加入图表。这是一个逆向的思维方法，后面有多个图表效果实现都会运用到这一思路。

处于最前面的网格线

早先的《商业周刊》图表，网格线作为非数据元素，一般使用淡淡的颜色，且处在所有图表元素的最下面，不至于喧宾夺主。

但正如以前说过的，市场上的领先者总是要甩开跟随者，时尚精英们总是要引领最新的潮流。当大家都这么做的时候,《商业周刊》又要创新与众不同。2008 年后的《商业周刊》图表，一反常规，将网格线放到图表元素的最前面,而且直接使用黑色,见图 3-9 的例子。这样的图表显得有几分粗犷、硬朗，严谨中又透出些不拘小节的气质，形成了全新的《商业周刊》风格。

在 Excel 中作图,网格线一般都在后面,如何让它显示到前面来?本身无法设置，有 3 种方法可以实现这个效果。范例

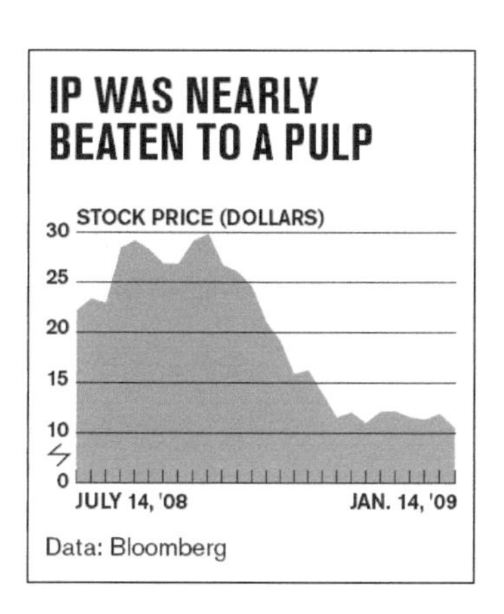

图3-9 黑色的网格线在图表最前面，一反常规却充满个性
例图来源：《商业周刊》杂志。

方法1 粘贴透明法

如果是柱形图或条形图，可用自选图形工具绘制一个半透明的矩形框，将其贴入到柱形图或条形图，则可透过柱形图或条形图看到后面的网格线。这个方法最简单，但缺点是由于透明度的原因，柱形图或条形图的颜色饱和度受到影响，不好精确控制其最后的颜色效果，而且透过去看到的网格线还是有所区别的。且其只适用于条形图和柱形图。

方法2 复制覆盖法

当你突破惯性思维局限后，往往就有很简单的解决之道，复制覆盖法就是这样。

1. 先按常规做好有网格线的图表，然后将其复制一份。
2. 将复制的图表的柱形（或条形、曲线）设置为无框无色透明不可见，图表区、绘图区均设置为透明，其他不做任何改动。
3. 将复制的图表覆盖到原图表之上，并且将它们都锚定到同一个单元格的左上角，使二者精确对齐。

现在，复制的图表只有网格线、坐标轴元素等，覆盖在原图表上面，所以看起来网格线就在图表之上，实现了期望的效果，然后复制或拍照单元格区域即可引用图表。整个过程也不过半分钟，非常简单。

方法3 辅助数据误差线法

如果你不屑于上面做法的技术含量，则可考虑辅助数据做法。作图思路是在纵坐标轴上按刻度间距放置一个辅助系列，用它的误差线 X 来模拟网格线。如图 3–10 所示。

1. 先做好图表，去除原来的网格线。
2. 根据*Y*轴刻度间距，也就是网格线间距，组织辅助数据，例如图中B13:C18。
3. 将辅助系列加入图表，设置其图表类型为散点图。这时散点图的点按预期落在了*Y*轴的刻度线上。
4. 设置辅助系列的误差线X的误差量，根据情况指定定值，本例中可为5或更大。
5. 隐藏*Y*坐标轴，去掉误差线尾部的小线，进行其他格式化，至例图效果。

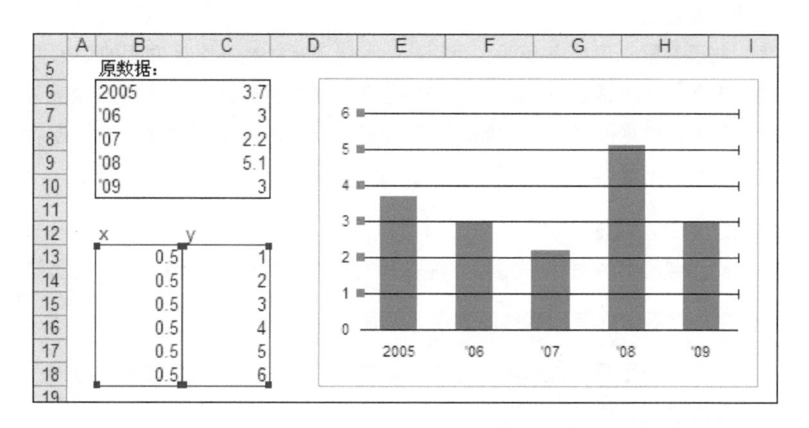

图3–10 处于最前面的网格线，其实是由一组散点图系列的X误差线所模拟

只有刻度线的Y轴

有一种图表处理方式如图 3-11，Y 轴只有刻度线而没有坐标轴，图表也没有网格线，图表显得非常干净清爽。

我们只要把上一节中方法3的做法变通一下，在第 4 步时将误差量的值设为 0.1，就利用误差线模拟了 Y 轴的刻度线，是不是很巧妙呢。范例

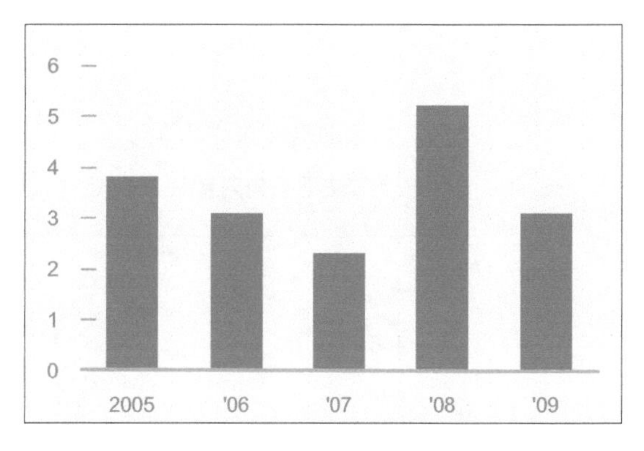

图3-11 只有刻度线的Y轴，图表显得简洁清爽

切割背景图片的饼图

商业杂志上，有时会看到那种切割背景图片的饼图，背景图片经常有地球、蛋糕、硬币、钞票，等等。在 Excel 中，如果对扇区填充图片，每个扇区都会被填充同样的图片；如果对绘图区填充图片，图片的四角又会超出饼图的圆圈，都不是我们想要的效果。可采用以下方法实现。范例

方法1 用圆形图片填充绘图区

这种方式比较简单，事先准备一个圆形的图片，也就是四角无色或透明的，填充到饼图的绘图区，饼图设置为透明、白线，即可完成。

对于不是圆形的图片，可先将图片填充到 PPT 中的 " 圆形 " 自选图形中，图片就会被截成圆形，将该圆形自选图形另存为图片，然后填充到饼图的绘图区即可。当然，如果你会使用 PS 的话就更好了。

方法2 用辅助系列做背景填充

这个方法不需先对图片进行处理，而是通过图表将方形的图片显示为圆形，如图 3–12 所示。

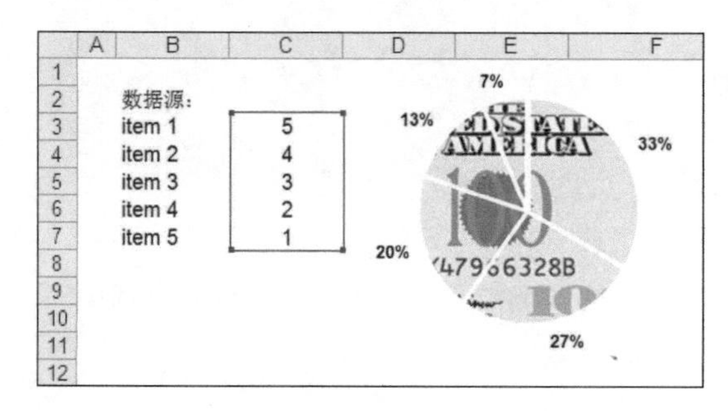

图3–12 这个饼图拥有两个数据系列

1. 先用源数据做饼图，这是系列1。
2. 再将源数据的任一个数字（例如图中C3）作为另一个数据系列加入图表（拖入即可），这是系列2。此时我们无法看到，也无法选择到这个系列2。
3. 设置系列1到次坐标轴，设置透明无填充色，则可以看到下面的系列2。
4. 系列1放到次坐标轴后，这时通过图表工具栏的对象框可以选择到系列2了。因为系列2只有一个数据点，所以只有一个扇区，也就是一个圆圈。设置其填充图片，则图片就被显示为圆形了，即使所使用的图片是矩形状的。
5. 其他格式化。设置系列1的边框为白色，可使背景图片具有切割感。

这个例子告诉我们，饼图也可加入多个数据系列，只不过图上看不出来罢了。利用这一技巧还可以制作一些特殊效果的饼图。不过，图表中使用图片比较有风险，我们并不建议频繁使用这个方法。

半圆式饼图

商业杂志上有时候会看到一种半圆式饼图（图 3-13），较普通饼图有些创新变化，一定程度上能吸引读者的注意力。

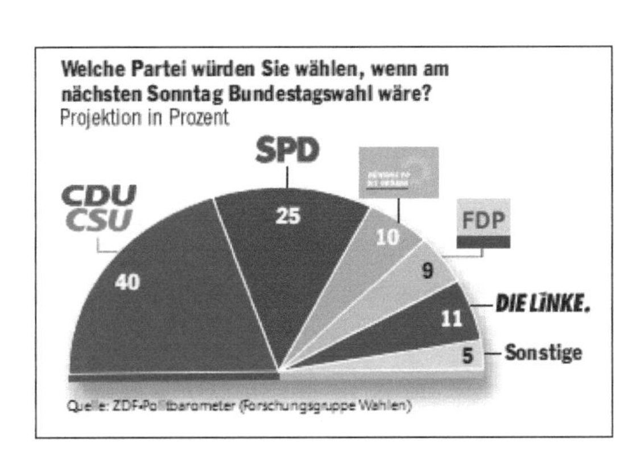

图3-13 半圆式饼图　例图来源：《Focus》杂志。

在 Excel 中仍然是使用饼图来做，技巧是作图时将各分项的汇总值也纳入数据源范围，但设置成隐形，只利用其占位，这样各分项数据就只占一半的位置。如果将隐形的扇区显示出来，其实就是图 3-14 的样子。范例

半圆式饼图的数据标签可以显示实际数值，也可以显示百分比数值。若设置显示百分比，因合计值的原因，百分比数据会有缩小一半的错误，解决办法是在数据组织上直接用百分比数据来作图。作图前可先对数据从大到小排序，设置第一扇区从 270 度开始，将最大值放在从 9 点钟位置开始，利用读者的阅读习惯来突出信息重点。

也许有人对这种半圆式饼图持保守意见，但严肃杂志《经济学人》上也经常见到类似例子（图 3-15），不过运用时还是要谨慎些。

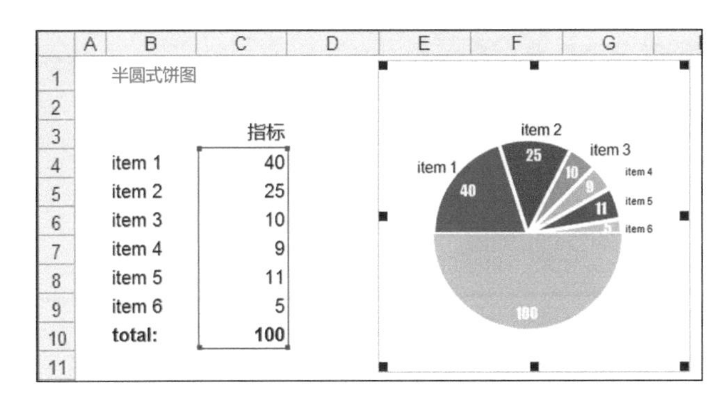

图3-14 半圆式饼图的技巧是隐藏了汇总数据的扇区

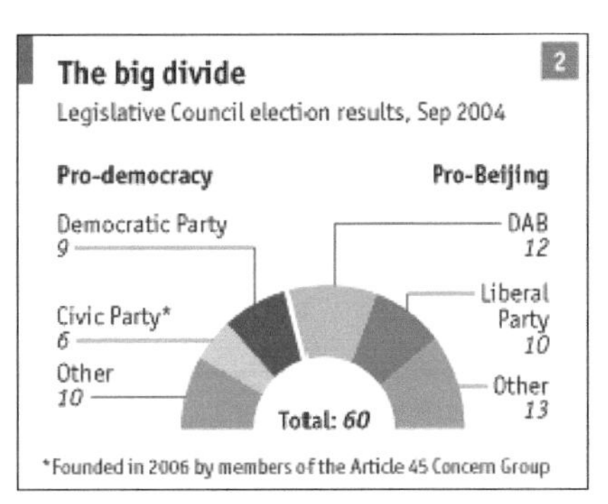

图3-15 半圆式圆环图　例图来源：《经济学人》。

Web 2.0风格的图表

在 Web 2.0 时代，很多网站都呈现所谓的 Web 2.0 风格，我们看到不少图表也呈现这种炫酷的风格，就连《商业周刊》最新风格的图表，也有 Web 2.0 的影子。虽然我们并不赞同把图表做得过于炫酷，但市场确实有这种需求，也有合适的应用场合，譬如在宣传路演活动中，把图表做得炫酷些就是可接受的。有时还是必要的。

究竟什么是Web 2.0 风格呢? 这个似乎并无明确的定义,但从一些著名 Web 2.0 公司的 LOGO(图 3 –16）以及它们的网站，我们可以窥见一些端倪。

图3–16 一些著名Web 2.0公司的LOGO图标，是图表配色的绝佳参考 例图来源：互联网。

作为商业图表，可以从 Web 2.0 风格借鉴运用的常见特征有：

- **简单的设计**。让图表尽量简洁，图表中的任何元素都要有自己的理由和作用；
- **鲜明的色彩**。运用清爽明快、夺人眼球的颜色形成 Web 2.0 的印象。到任何一个 Web 2.0 的网站上，都可以拾取到很好的颜色及颜色组合；
- **更大的文字**。图表的标题或重要的数字，使用异常大的字体；
- **渐变**。苹果公司的产品一般都有高品位感觉的渐变，处理恰当的渐变效果确实让图表设计更丰富，更有深度；
- **倒影**。倒影是 Web 2.0 风格的突出特征之一，不过图表似乎不大好借鉴，除非是后期的 PS 处理。

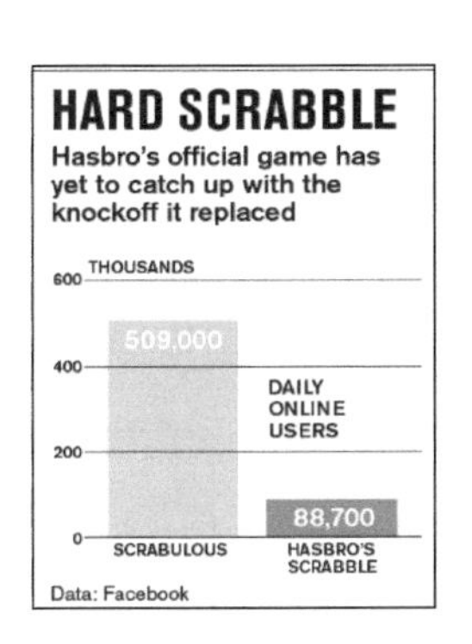

图3–17 在图表中使用具有Web2.0风格的颜色

例图来源：《商业周刊》网站。

以下几种技巧可以让图表具有 Web 2.0 的视觉风格。

技巧1 使用Web 2.0的特征颜色

图 3–17 中只是简单地使用了一些特征颜色，就立即让图表具有了 Web 2.0 的特点，而且比较简单、低调。《商业周刊》的新图表正是这样做的，图 1–8 中多个图表的颜色，我们在图 3–16 中都可以找到相似的颜色搭配。

技巧2 设置渐变效果范例

对条形图或柱形图，可直接在"数据系列格式→图案→填充效果→渐变"中，使用单色或双色，底纹样式选上浅下深的那种，就可以做出苹果产品般的渐变风格，如图 3–18 所示。建议使用一种轻微的、平静的渐变效果，而不是 Excel 2007 中那种夸张的质感材料渐变。

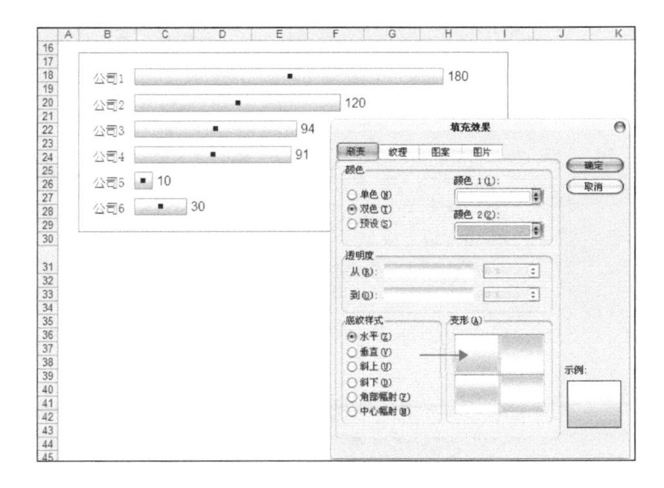

图3–18 通过设置渐变，让图表具有苹果产品般的渐变效果

技巧3 贴入剪切的细条图片范例

对于非设计专业的普通人士来说，要通过技巧 2 的方法设置到好的效果比较困难。我们可以从一些 Web 2.0 风格的网站、PPT 模板中截取渐变效果的细条图片，贴入到数据系列中，非常容易就让图表变得酷起来，如图 3–19 所示。此方法适用于柱形图和条形图，贴图的方法：Ctrl + C 复制细条图片→选择图表中的数据系列→ Ctrl + V 粘贴。

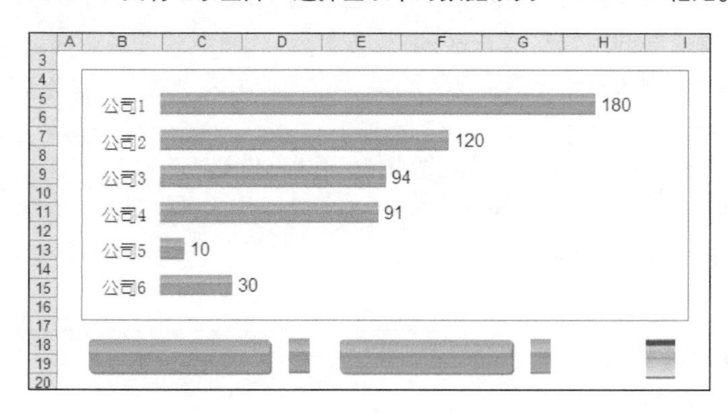

图3–19 通过将细条图片贴入数据系列来格式化图表

运用这个方法，可以制作一种仿水晶易表的进度条图表（图 3–20）。其实现技巧是在一个堆积百分比条形图的两个数据系列中，分别贴入了蓝色和灰色的细条图片。

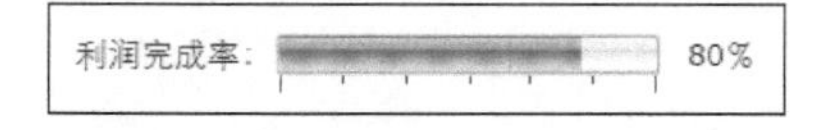

图3–20 仿水晶易表风格的进度条图表

技巧4 利用"饼图+背景填充"制作一个仪表盘图表范例

在水晶易表中提供了一种仿汽车仪表盘的量表部件，视觉效果非常酷，适合于制作决策仪表板。在 Excel 中采用"饼图+背景填充"方法可以很巧妙地仿制一个仪表盘图表。

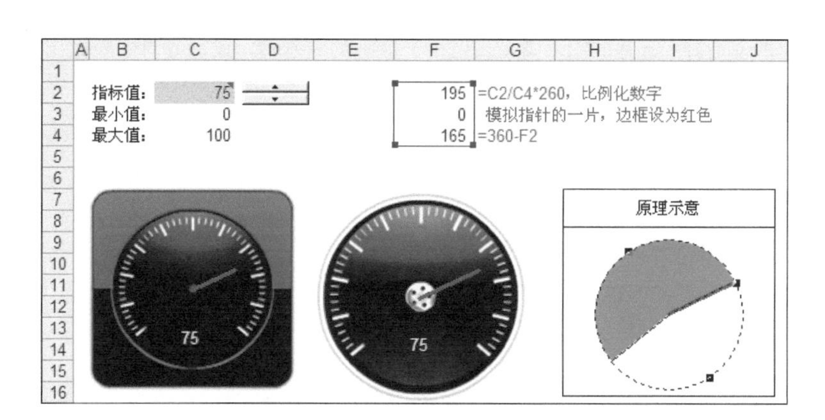

图3-21 利用“饼图+背景填充”技巧制作一个仪表盘图表

图 3-21 显示了其制作原理。假设 KPI 的完成值在 C2，目标值在 C4，则完成率为 C2/C4。

1. 组织F列的作图数据。其中，F2 = C2/C4*260，使用260换算的原因，是指针从左到右的变化范围大约是260度；F3扇区的边框线将用来模拟指针，F4扇区的作用是占位。
2. 用F列数据制作一个饼图，设置第一扇区起始于230度。设置F3扇区边框线为红色粗线，其他扇区无色无框隐藏起来。
3. 从水晶易表软件中截取一个空的量表部件图片，填充到饼图的图表区。
4. 使用一个文本框对象，放置在饼图的下部位置，引用C2的值，作为图表的数值显示。一个仪表盘图表就完成了，与水晶易表的效果相比简直是以假乱真。

还有一些仿 Web 2.0 风格的其他方法，如给曲线图、散点图的数据点贴入圆形水晶图片，给饼图添加遮罩光影效果，给文字和图片制作倒影等。Excel 2007 中也有很多新的属性可设置类似效果。本书范例文件中均有例子，读者可自行研究了解。

需要说明的是，以上方法要注意运用场合，适可而止。不要一味为了追求炫酷的风格和效果，而忘记了你真正所要表达的意思，更不要把自己搞得累倒了。

3.2 单个图表的处理

在某些分析场景，即使选择了合适的图表类型，但由于数据的特殊性，还需要对图表做出相应的特殊处理，才能让图表显得清晰、专业。

处理图表中的超大值

在使用柱形图或条形图进行分类数据比较时，有时会出现某个分项的数值特别大的情况。这种情况下绘制出的柱形或条形远远超出其他分类，使其他分类之间的差异被“压缩”，不便于比较，并且也影响图表的美观。有人使用对数刻度的坐标来解决这个问题，但除非约定俗成的应用场景，一般人是很难理解对数刻度的。

对于这种情况，可以截断特大值，使图表平衡匀称。即将特大值、坐标轴进行截断，并对截断用标记进行示意，类似图 3-22 这样的效果。

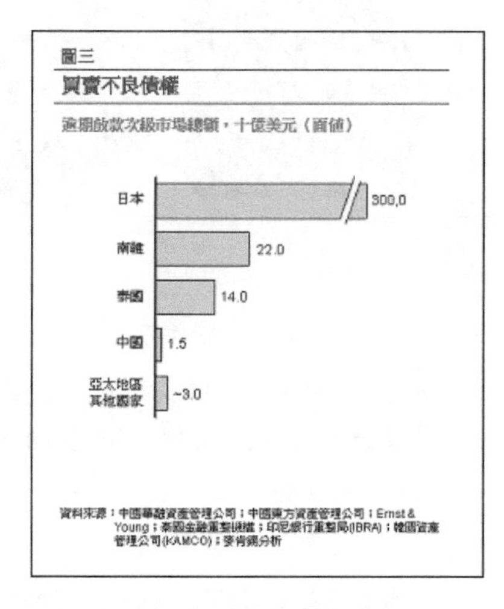

图3-22 将图表中超大值的图形予以截断

例图来源：《麦肯锡管理丛刊》。

如果使用 SPSS 绘图，*Y* 轴有个截断选项，可以设置从 y1 到 y2 截断掉，轻松实现上述效果。但 Excel 中没有类似选项，要在 Excel 中做这个效果，有一种比较复杂高级的做法，思路是利用辅助系列来绘制图形和模拟坐标轴、刻度标签、截断标记，实现截断效果。方法比较复杂，实际工作中我们一般可以简化处理，如图 3-23 所示。

1. 复制原数据至作图数据区，手工修改超大值至合适大小，使超大值的图形仅比次大值超出适当比例，然后作图。
2. 绘制和添加截断标记。通常截断标记为两撇小横线，其绘制方法是：先绘制一个四边形图形，框线无色，填充以适当的背景颜色；再沿其长边绘制两条平行线，将它们对好组合起来。然后将组合对象放置到图表中超大值的图形上面。

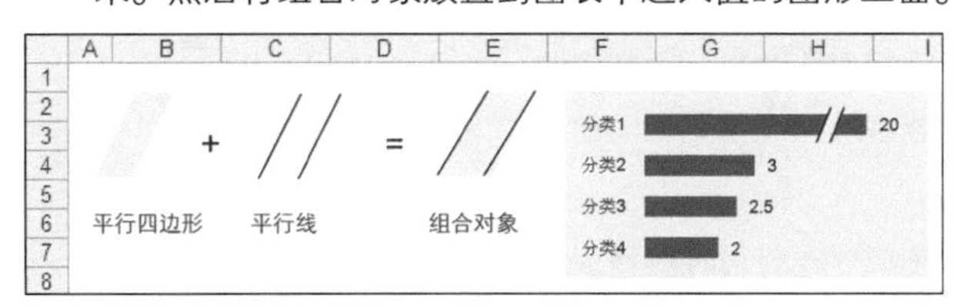

图3-23 用自选图形绘制截断标记，并放置到图表之上

3. 如果有坐标轴，对坐标轴也要进行截断示意，并用文本框对坐标轴刻度最大值进行相应覆盖修改。如果要显示数据标签，可使用XY chart labele工具指定显示为修改前的原数据系列。

有时候，我们也可以故意保留超大值，利用绘制出的图形之间的巨大差异，给读者造成差异悬殊的印象，从而突出这种差异，例如图 3-24。这种做法要注意与整个版面布局相结合、平衡，使图表不至于太难看，让读者明白你是特意而为之。

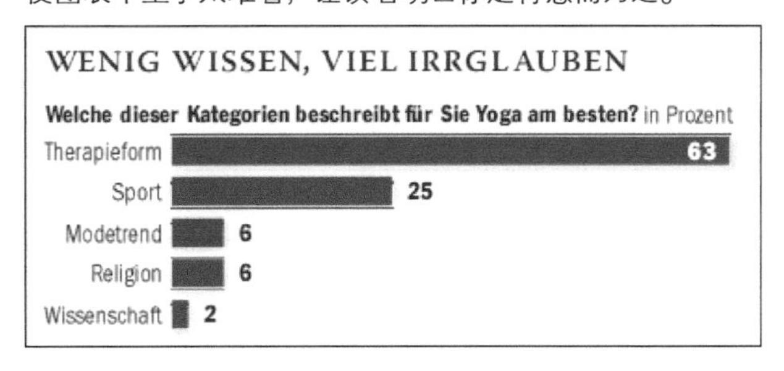

图3-24 保留图表中的超大值，给人造成差异悬殊的印象　例图来源：*Focus*杂志。

不同数量级的趋势比较

在进行多系列数据的趋势图分析时，有时候会碰到这样的问题：

1. 系列之间的数量级相差悬殊，小数据系列被大数据系列“挤压”成一条平坦的曲线，甚至躺在X轴上无法看见，无法反映其变化幅度。
2. 系列之间的量纲不同，数量级也不相同，放在一个图中完全不成比例，用双坐标也只能勉强解决两个系列之间的关系。

这种情况下，我们该怎么进行作图呢？有的人对数据人为调整至相当的数量级，有的人用虚拟数据做第三个坐标轴，但这都不是好的办法，既存在误导，也很麻烦。

因为这时我们关注的是各系列之间变化趋势的差异，一种比较好的做法是先对各系列数据进行基期标准化，消去数量级或量纲的差异，然后用标准化后的指数数据作图，则可真实反映变化趋势的差异，例如图 3-25 的形式。

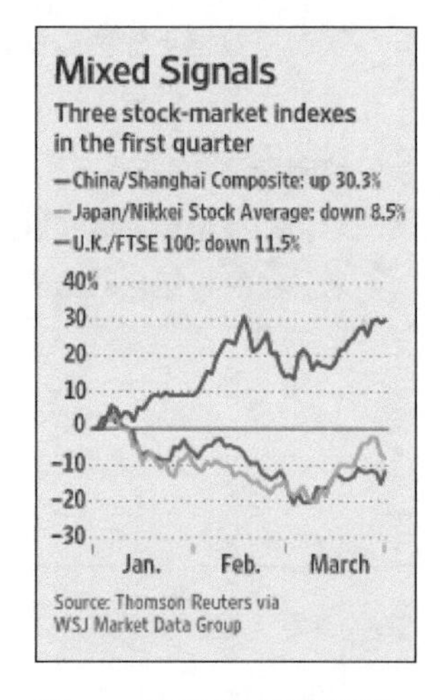

图3-25 基期标准化后进行趋势比较，消去了指数间的数量级差异

例图来源：《华尔街日报》。

基期标准化是以基期数据为标准，基期就是数据系列的第一个时期，计算方法为：

各期标准化后的数据＝各期数据 / 基期数据 × 100

基期标准化后的曲线图可以非常清晰地反映各系列之间的变化趋势的差异。图 3-25 的例子，三个股市的股指数量级是不一样的，但图表很好地反映了它们之间变化趋势的差异。

作基期标准化的趋势比较时，一般会在刻度 100（或 0）处增加一条突出的基准线。这时我们可以通过加入一个辅助系列做曲线图来绘制这条水平线。

不同数量级的分类比较

经营分析中经常有类似如下的横向分类比较需求：

- 不同套餐类型的用户规模、消费额、ARPU 的比较；
- 不同代理商的销售额、佣金、佣金率的比较。

这类比较的特点是参与比较的多项指标的量纲均不相同，且往往最后一个指标由前两个指标计算得来。如果做在一个柱形图或两轴线柱图中，由于数量级差异悬殊，往往很难观察。

对于这种情况，我们可以使用一种将数据标准化后做多组条形图比较的处理方式。范例

1. 组织如图 3–26的作图数据。

其中公式设置如下：

G6：=C6/MAX($C$6:$C$15)*0.8，即将 G 列的最大值标准化为 0.8，其他按比例折算；

H6：=1–G6，辅助留空占位数据，使 G、H 列加起来正好是 1。

I~K 列的数据按同样的方式进行组织。

	A	B	C	D	E	F	G	H	I	J	K
3			原数据：				作图数据（标准化）：				
4											
5			用户数	收入	ARPU		用户数	空1	收入	空2	ARPU
6		套餐1	9500	178772.94	18.82		0.80	0.20	0.80	0.20	0.44
7		套餐2	9169	144586.21	15.77		0.77	0.23	0.65	0.35	0.37
8		套餐3	7512	157855.73	21.01		0.63	0.37	0.71	0.29	0.49
9		套餐4	6092	87655.24	14.39		0.51	0.49	0.39	0.61	0.33
10		套餐5	4456	57804.61	12.97		0.38	0.62	0.26	0.74	0.30
11		套餐6	3460	51058.10	14.75		0.29	0.71	0.23	0.77	0.34
12		套餐7	2739	27270.33	9.96		0.23	0.77	0.12	0.88	0.23
13		套餐8	2590	68262.33	26.35		0.22	0.78	0.31	0.69	0.61
14		套餐9	2275	78399.99	34.46		0.19	0.81	0.35	0.65	0.80
15		套餐0	1560	13400.59	8.59		0.13	0.87	0.06	0.94	0.20
16											
17			用户数	收入	ARPU						
18			0	0	0						

图3–26 将不同量纲的数据进行标准化，并按堆积条形图的数据源组织

2. 用G~K列的数据做堆积条形图，反转分类次序；将辅助系列空1和空2设置无色无框隐藏；设置数值轴的最大刻度为3、主要刻度单位为1，添加数值轴主要网格线；删除辅助系列的图例，可至图 3-27的样式。

这种作图技巧可称之为平板图，即在一个图表对象中分格包含多个图表。它们或者共用分类轴，或者共用数值轴，其优点是图表更加清晰，便于阅读和比较。图 3-30 也是这种技巧的运用。

图 3-27 中的图例标识项是多余的，这里顺带介绍一个用辅助数据显示分类标签的技巧。

我们将图 3-26 中 C17:E18 的辅助数据加入图表，设置其图表类型为柱形图，会出现图 3-28 的效果。请注意，次分类轴的刻度线标签正好在合适的位置帮我们显示了 3 组条形图的名称。然后设置柱形图无色无框隐藏，删除所有图例，就是一个非常完美的平板图。

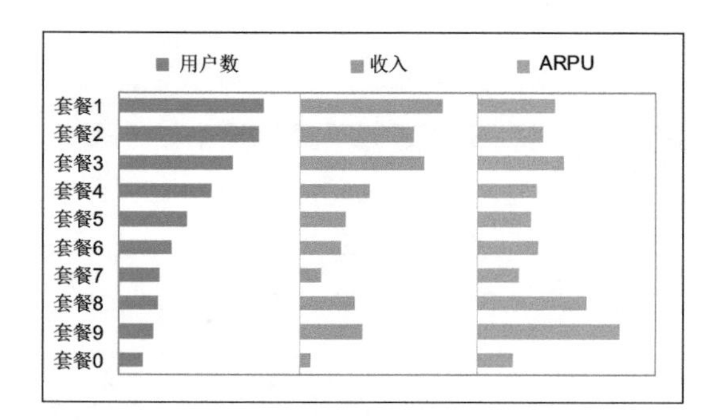

图3-27 一个包含3组条形图的平板图

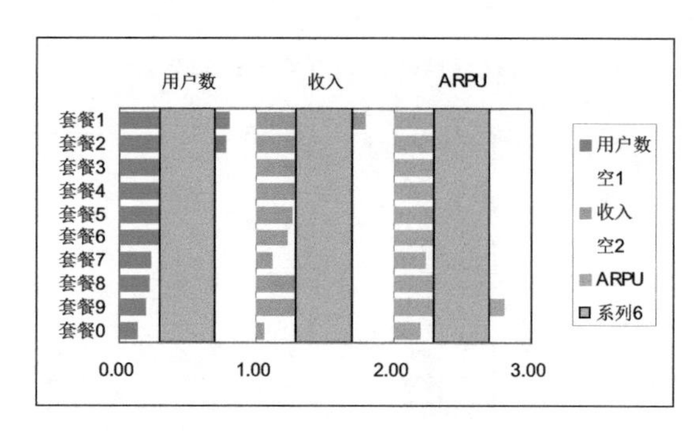

图3-28 利用辅助系列显示3组条形图的名称，然后可设置柱形图隐藏

避免凌乱的曲线图

在用曲线图做趋势比较时，若有超过 3 个以上数据系列，极易出现曲线之间相互交叉、乱成一团麻的情况，很难清楚地观察各个系列的变化趋势（图 3-29）。

在这种情况下，可以使用一种叫作平板图（Panel chart）的图表处理方法。范例

如图 3-30 所示，将各条曲线分开来绘制，彼此并不交叉影响，显得很清晰。但它们仍在一个图表中，共用一个纵坐标轴，便于观察趋势和比较大小。这种处理方法适用于多系列曲线图，系列之间量纲相同，数量级相差不是太大的情况。

其实现技巧，只是将原来的数据源进行图中所示的“错行”组织，做出的曲线图自然也就错开了。独立的格子通过设置网格线间隔实现，上面的公司名标签使用文本框或辅助系列来完成。具体做法这里不再细述，读者可参见范例文件中的步骤。

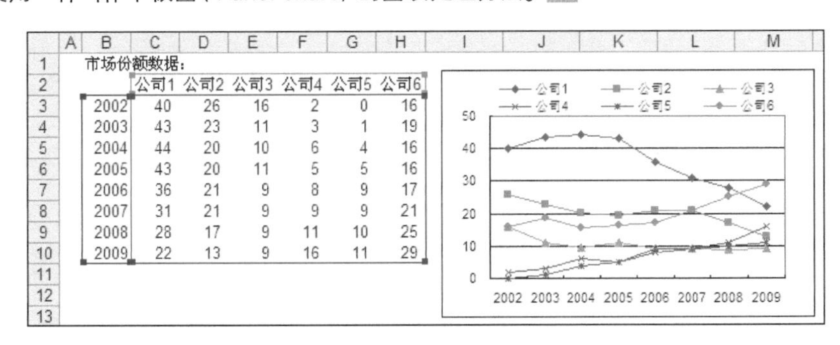

市场份额数据：

	公司1	公司2	公司3	公司4	公司5	公司6
2002	40	26	16	2	0	16
2003	43	23	11	3	1	19
2004	44	20	10	6	4	16
2005	43	20	11	5	5	16
2006	36	21	9	8	9	17
2007	31	21	9	9	9	21
2008	28	17	9	11	10	25
2009	22	13	9	16	11	29

图3-29 线条纠缠在一起显得异常凌乱，不便于阅读分析

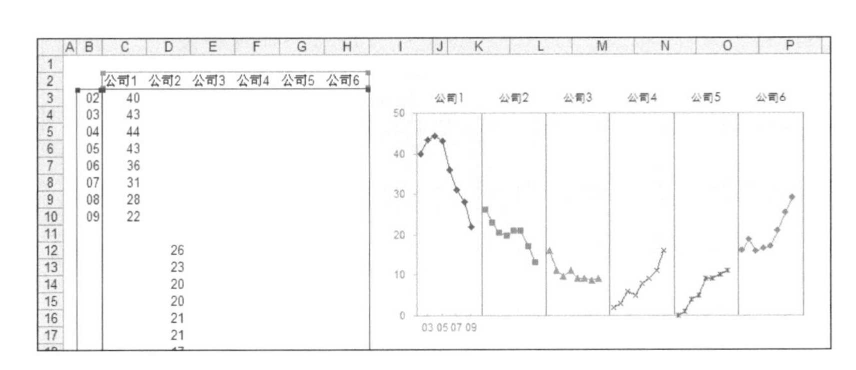

图3-30 将多系列的曲线图做成彼此分离的平板图，避免了曲线的交叉凌乱

避免负数的标签覆盖

当业务出现负增长或利润亏损的情况时，会给经营分析人员带来很大的烦恼：制作的条形图或柱形图，负数的图形与坐标轴标签重叠覆盖在一起，显得凌乱且难辨认。如何避免这个问题呢？商业杂志的做法是根据数值正负的情况，将坐标轴标签分别放在坐标轴的两边，如图 3–31 的效果。

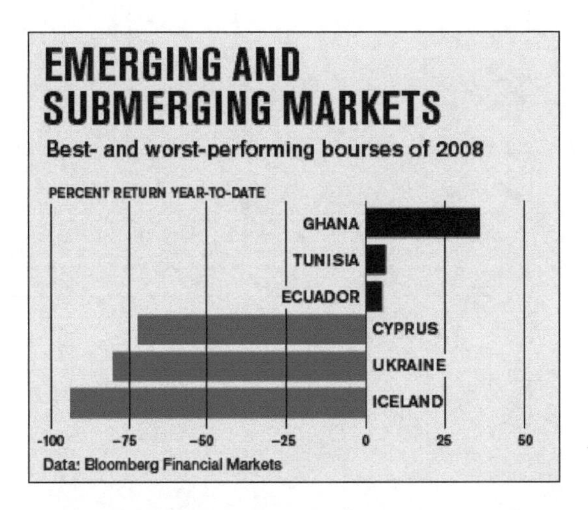

图3–31 分类轴的标签分布在左右两边，避免了与条形图覆盖
例图来源：《商业周刊》杂志。

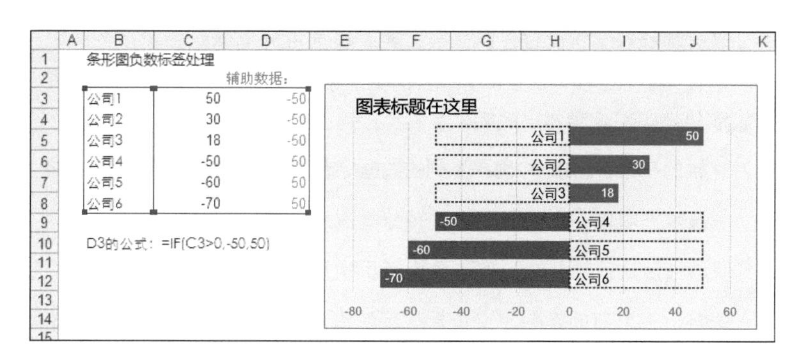

图3-32 利用隐藏系列的数据标志，显示坐标轴分类标签，避免覆盖条形图

Excel 图表的分类轴标签是无法设置左右分列的，要实现这种效果的技巧是不启用分类轴标签元素，而是利用一个隐藏的辅助系列做堆积条形图来模拟显示分类轴标签。范例

1. 如图 3-32，设置D列的辅助数据，公式如图中所示，使其符号正好与原数据相反。一个更简洁的公式是 D3=-sign(C3)。
2. 用B~D列数据做堆积条形图，反转分类次序后，删除分类轴。
3. 设置辅助系列的数据标志显示“类别名称”，标签位置为“轴内侧”对齐，正好模拟了分类轴标签。然后设置辅助系列无边框线、无填充色，隐藏不可见。
4. 设置原数据系列的数据标志为显示数值。

第 2 步也可以使用簇状条形图，但需要设置“重叠比例”为 100%使之左右对齐。使用簇状图有一个好处，原数据系列的数据标签对齐方式可以方便地设置为“数据标记外”。

以上方法也同样适用于有正负数的柱形图。此外，本案例中还运用了设置互补色的技巧，让正负数的条形图分别使用不同的填充色，可参见第 2 章的如何设置互补色。

居于条形之间的分类轴标签

当分类标签文字比较长时，杂志图表经常将分类轴标签放在条形图之间，如图 3–33 的效果。这样既节省了横向的空间，图表也更加紧凑，是一种常见的处理手法。Excel 中并无此选项，杂志是如何实现这种布局的呢？

这里的技巧是利用一个隐藏系列的数据标志来显示分类轴标签，图3–34 显示了其制作原理。范例

1. 用源数据制作一个条形图，反转分类次序，去除坐标轴。
2. 使用拖放法或粘贴法，将该数据源再次加入图表，这时图表成为一个簇状条形图。
3. 选择位于上面的系列，设置其数据标志显示为“类别名称”，对齐为“轴内侧”。然后设置该系列无框无色隐藏起来。这样就利用其数据标志模拟了居于条形之间的分类轴标签。
4. 选择位于下面的系列，设置其数据标志显示为值。
5. 进行其他格式化，去掉不需要的图表元素，可至例图格式。

若分类标签文字过长，超过一定字符数，Excel 会自动换行，我们无法控制。这种情况下，可以利用单元格文本来显示分类轴标签，使其居于条形图之间。

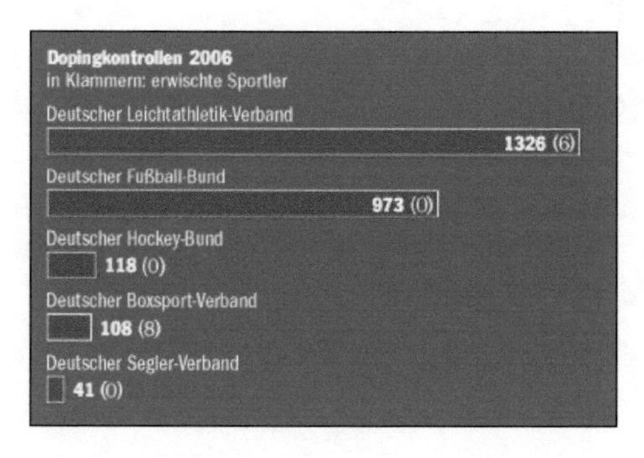

图3–33 分类轴标签文字比较长时，可将其安排在条形图的中间　*例图来源：Focus杂志。*

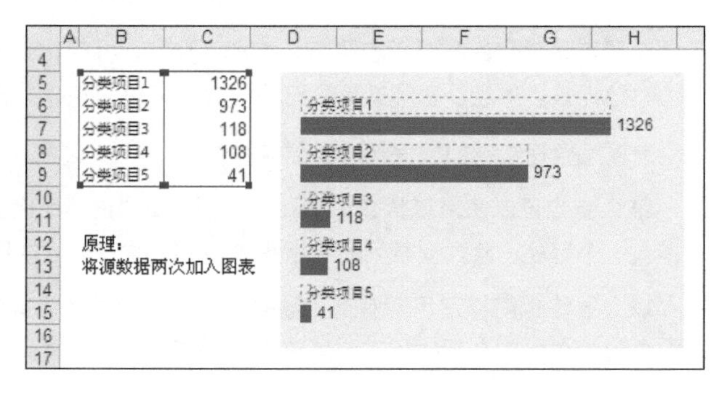

图3–34 利用将源数据重复加入图表的隐藏系列，显示分类轴的标签

手风琴式折叠的条形图

对于分类项目比较多的条形图比较，直接做出来会是长长的一串条形图。有一种处理手法，将条形图的中间部分进行压缩，类似手风琴折叠的效果(图 3-35)，以重点强调前后 5 名的数据。这里介绍两种实现方法。

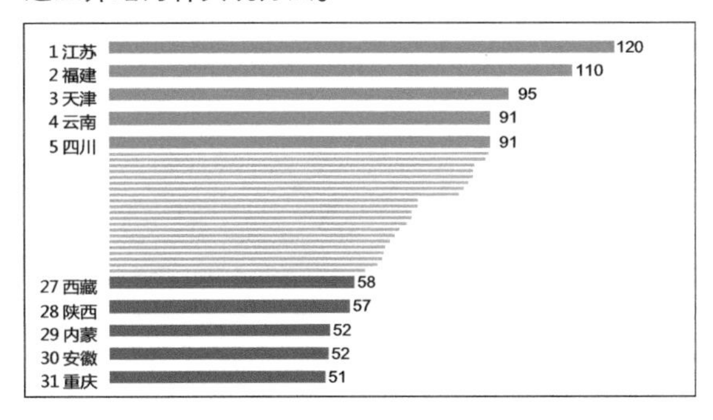

图3-35 手风琴式折叠的条形图，中间部分被压缩，重点突出了排名前后5名的情况

方法1

作图思路：将两组不同行数的数据系列绘制在一个条形图中，共用一个分类坐标轴的高度，那么行数多的数据系列就会被“压缩”，从而实现折叠效果。范例

假设我们要对中国各省的数据进行比较，重点突出前 5 名和后 5 名的情况。具体作图步骤如下，请对照范例文件阅读。

1. 组织作图数据。我们要按前5名：中间：后5名＝1：1：1的比例压缩。如图3-36，将前5名、后5名省的数据分离出来，中间留空5行，做成15行的数据系列；将中间21省的数据分离出来，首尾留空各20行，做成61行的数据。
2. 使用图中G~I列的前5、后5两个系列作堆积条形图，反转分类次序。
3. 将图中L列的中间省份系列加入图表，置于次坐标轴，这时图表中出现次数值轴。

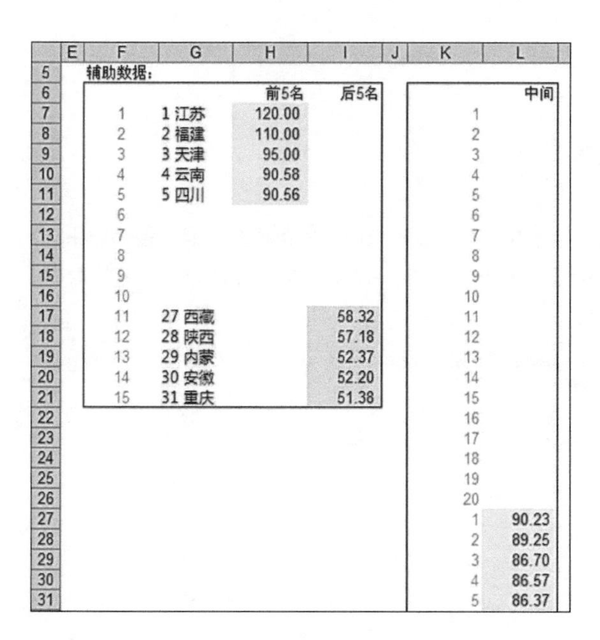

	E	F	G	H	I	J	K	L
5		辅助数据：						
6				前5名	后5名			中间
7		1	1 江苏	120.00			1	
8		2	2 福建	110.00			2	
9		3	3 天津	95.00			3	
10		4	4 云南	90.58			4	
11		5	5 四川	90.56			5	
12		6					6	
13		7					7	
14		8					8	
15		9					9	
16		10					10	
17		11	27 西藏		58.32		11	
18		12	28 陕西		57.18		12	
19		13	29 内蒙		52.37		13	
20		14	30 安徽		52.20		14	
21		15	31 重庆		51.38		15	
22							16	
23							17	
24							18	
25							19	
26							20	
27							1	90.23
28							2	89.25
29							3	86.70
30							4	86.57
31							5	86.37

图3-36 分前5、后5、中间，组织行数不同的作图数据

4. 在图表选项中，勾选次坐标轴下的分类轴，调出次分类轴。这时中间省份系列会靠到位于右边的次分类轴。

5. 选取次数值轴，取消勾选其“分类轴交叉于最大值”选项，这时中间省份系列又回到左边，折叠效果初步出现。

6. 设置主、次数值轴使用共同的最小最大刻度，本例中为0和150。

7. 为前5、后5系列增加数据标志显示数值，并进行其他格式化至图3-35的格式。

至此，我们就完成了一个详略得当、重点突出的手风琴式折叠的条形图，阅读者的注意力自然会关注到前 5 名和后 5 名的省份，对中间省份的分布也有一个大致的了解。

方法2

上面的做法技巧性有一些难度，我们还可以利用 REPT 函数非常简单地制作一个简易的折叠条形图，见图 3-37。范例

1. E列使用公式=REPT("|",D7*3)，根据D列数值的3倍重复小竖线，字体设置为Gautami，恰似一个条形图。
2. 然后将中间省份所在的行高设置为3，非常巧妙地实现了折叠效果。然后将中间省份的名称和数值设置字体颜色为白色，隐藏起来。
3. 对E列分前5、中间、后5，分别设置绿色、灰色和红色字体颜色，以示强调。

不过，利用 REPT 函数制作的图表在打印的时候可能会遇到不能“所见即所得”的问题，我们可以采取截屏方式变通解决。在 Excel 2007 中则不必借用 REPT 函数了，可直接使用数据条功能生成单元格条形图。

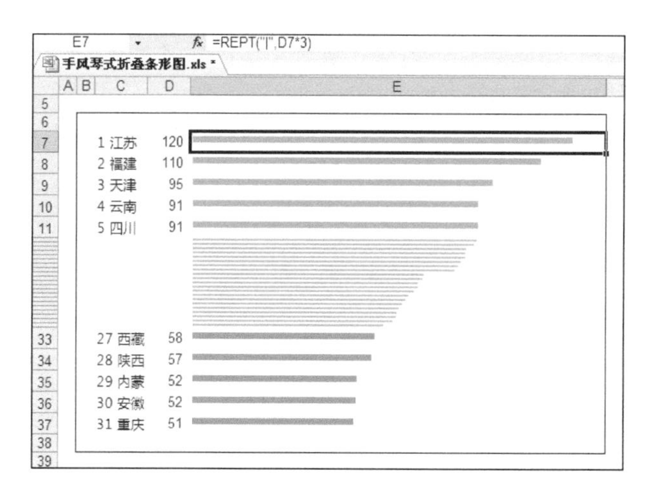

图3-37 通过设置行高，将一个利用REPT函数产生的条形图的中间部分“折叠”起来

3.3 系列组图的处理

在很多时候，我们需要使用多个图表或者是一系列图表来分析问题。本节介绍杂志上常用的一些多图表组织方法。

清晰的小而多组图

我们一般人作图表，一个常见的问题是在一个图表里放太多的系列，太多的曲线或者柱形纠缠在一起凌乱不堪。或者因数据系列的数量级、量纲不同，有的人恨不得制作 3 轴甚至 4 轴的图表。这种情况下，建议尝试“小而多”组图处理方式。

“小而多”组图（small multiples）由爱德华·塔夫特（Edward Tufte）定义，指使用相同的变量组合，依照另一个变量的变化，做出的一系列小图表，排列为一行或一列，甚至是多行多列的图表矩阵。“小而多”组图是一种对复杂图表化繁为简的理想处理方法。

在图 3-38 中，虽然都是以美元为单位的商品价格，但因数量级差异，如果放在一个图里显然不便于观察。做成“小而多”组图，则互不干扰，非常清晰。“小而多”组图的优点是化复杂为简单，避免了很多数据系列纠缠在一个图表中的问题。一旦读者看清了第一个图表，就可以快速阅读其他的图表，从而清晰、快速地比较多个数据系列。

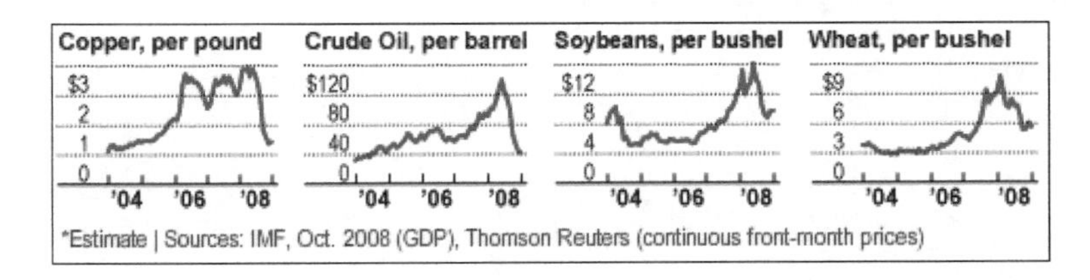

图3-38 清晰易读的小而多组图（small multiples） 例图来源：《纽约时报》网站。

1. 由于“小而多”组图的样式是一致的，可以快速复制，所以只需要先认真考虑好，做出第一个图表，后面的图表只需复制图表和修改数据源。关键是第一个图表要确定做好后再复制，避免重复修改。“小而多”的小，可以参照邮票大小来作图。
2. 在复制图表之前，需要考虑所有图表是否需要保持一致的纵坐标刻度。如果数据的量纲相同且数量级相当，则应保持一致的坐标刻度，以便反映系列之间的差异。我们可以在复制图表之前设置固定其纵坐标的最大值。
3. 要将一系列组图快速对齐排列，前面介绍的锚定技巧将派上用场，将复制后的图表锚定到同一行或列的单元格上，在实现对齐的同时还便于批量调整位置。如图 3-39所示。
4. 有些图表元素，可以只出现一次，以减少信息冗余，比如图例。

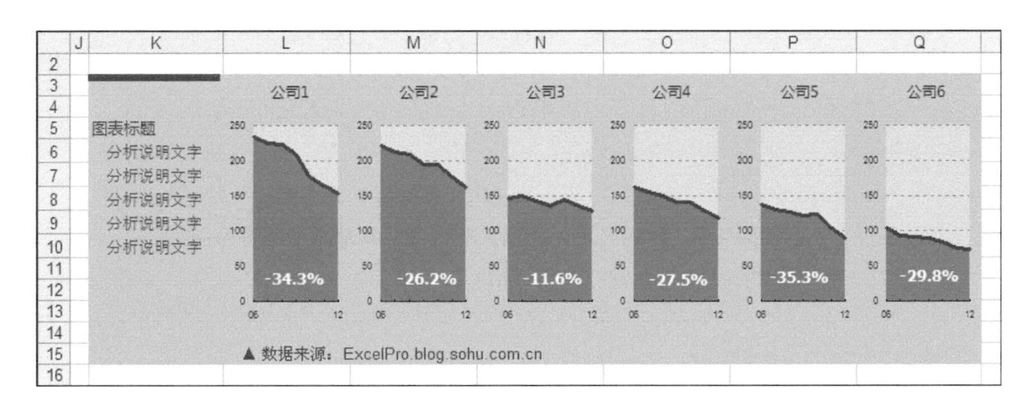

图3-39 通过复制图表和锚定对齐，可以很快速地制作和安排小而多组图

引人入胜的图表故事板

你是不是很轻松地就看完图 3-40 中的漫画，然后会意地一笑？

图3-40 Dilbert漫画　例图来源：www.dilbert.com。

我们都喜欢阅读漫画书，它让我们在一种轻松、无压力的状态下，愉悦地获得信息，且印象深刻。电影工业借鉴漫画形式，开发了 Storyboard 技术，而这一技术在商业活动中也有广泛的应用。一个好的商务演示，就是一个引人入胜的故事板，也许其中还包含若干小的故事板。

同样，在商务图表沟通中，也有类似的处理技巧。杂志编辑通过制作一组相关的图表来阐述一个复杂的问题，逻辑连贯，思路清晰，能让读者轻松理解和接受其观点，与故事板有异曲同工之妙，例如图 3-41。

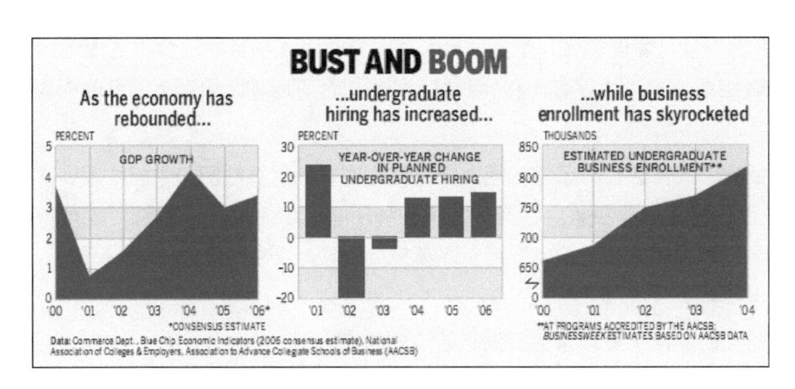

图3-41 故事板形式的图表组合　例图来源：《商业周刊》杂志。

图表故事板常常表现为 3 个左右的小图表按顺序排列，图表的标题就是论述的过程，前后之间用“...”连接，表示这些图表是一个连续的论述过程。图表风格一般统一协调，相互呼应，大小一致，位置对齐。

故事板形式与小而多组图有些相似，区别之处在于：小而多组图一般图表形式是完全一样的，反映的是同样的内容，只是切换了维度成员；故事板的各个图表则可能完全不同，论述的是相关但不相同的内容。

无论是 Word 格式报告，还是 PPT 格式的演示，这种形式的版面布局都非常适合，值得一试。图表对齐仍是使用锚定技术，图表标题文字可以放在单元格里，便于处理和对齐。

渐近明细的图表呈现

“渐近明细”一词来源于项目管理领域，是指项目的范围说明随着项目的逐步推进而逐渐变得具体、详细。在图表组织方式上也存在一种异曲同工的形式，可以称之为渐近明细的图表呈现。

很多做公司战略的朋友，经常会在办公室的墙上挂几幅地图，从世界地图、中国地图到某省地图、某市地图，来帮助制定战略决策。这其实就是一种空间维度上的渐近明细，地理位置从大到小、从整体到局部逐渐聚焦，好似电影镜头逐渐推近，既有战略高度，又有局部细节，是一种非常好的决策辅助手段。

商业图表经常从空间和时间两个维度来进行渐近明细式的组织。

空间维度上，通常按照“世界→全国→省→市”的路径，如图3-42所示。比如我们对集团内各省级公司进行横向比较，把握本省在全国的总体地位。对省内各市级公司进行横向比较，了解本市在全省的位置。依此类推到县级公司。

时间维度上，通常按照“年→月/周→日”的路径，如图3-43所示。譬如我们通过最近3~5年的年度图表，看清大的趋势背景。通过最近12个月的月度图表，了解近期趋势。通过最近30天的日图表，聚焦当前的趋势。越是最近时期的数据，其重要性也越大，所以值得放大查看。

图3-42 空间维度上的渐近明细，从国家到省、市、县
例图来源：《经济学人》网站。

要组织渐近明细的图表，可以分别制作不同层次的图表，然后按从左到右顺序排列在一起。也可以在一个图表中包含多个层次的数据。

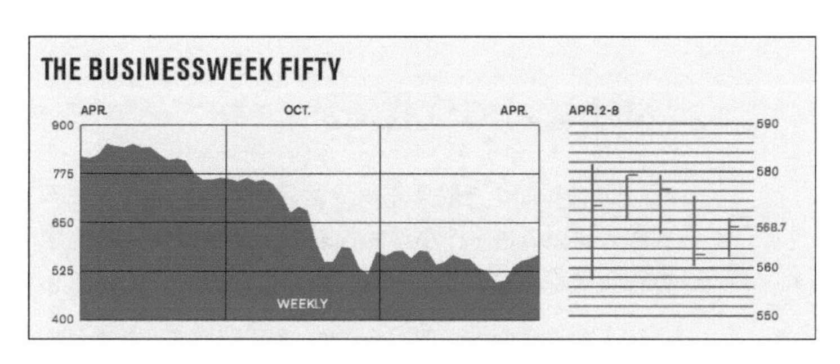

图3-43 时间维度上的渐近明细，从按周到按天 例图来源：《商业周刊》杂志。

分解树图表

这是一种用分解树组织图表的方式。分解树方法将一个综合性的指标，逐级分解为更细的指标，通过对分解指标的分析，找到影响综合指标变化的最终驱动因素。典型的分解树例子是财务领域的杜邦分析法。

分解树图表在这种分解树的基础上，给每个分解指标制作时间趋势、分类对比等图表，更加方便比较分析。麦肯锡的顾问们就很喜欢使用这种方法。

图 3-44 中，每平方米销售额（也称坪效）是零售业营运绩效的关键评价指标，将其分解为卖场销售额 ÷ 卖场面积，卖场销售额又分解为平均交易额 × 交易次数，这样就可以在分解指标层面比较不同业态的差别，找到差异的主要地方。

在做法上，可将分别制作的图表按位置摆放好，然后使用自选图形绘制线条或连接线进行连接，并标上有关运算符号。

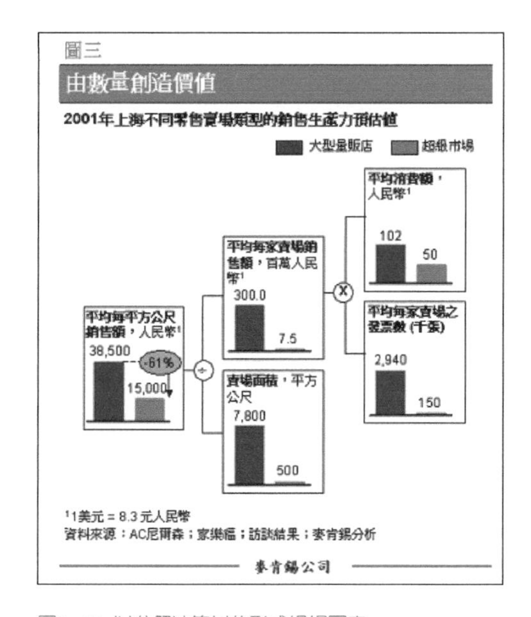

图3-44 以分解计算树的形式组织图表
例图来源：《麦肯锡季刊》。

Dashboard式图表

Dashboard 一般译作仪表盘或仪表板，类似于汽车或飞机驾驶用的仪表面板。Dashboard 式图表可以说是一个小型的仪表板，是针对特定的主题和目标，将一系列反映关键信息的图表整合组织在一起，便于一览式的阅读和分析。例如图 3–45。

在经过精心设计的 Dashboard 式图表中，各类与业务目标相关的关键信息，以表格、图表、文字等不同的形式进行综合反映。不只是图文并茂，而是图、文、表、色，样样俱到，关键信息一目了然，利于阅读者就该主题进行全面而重点的了解和分析，从而制定优秀的决策。如果你向领导递交一份这样的报告，他怎能不对你刮目相看呢？

一个优秀的Dashboard设计，关键在于对业务的理解、对关键信息的把握，在此基础上进行精心的图 / 表类型选择、布局设计，而不应该是简单的图表堆砌。

在制作这种图表组合时，需要将图与表，以及不同行列结构的异构表格进行整合，前面介绍的拍照技术正好派上用场，请参阅第 2.2 节的照相机内容。

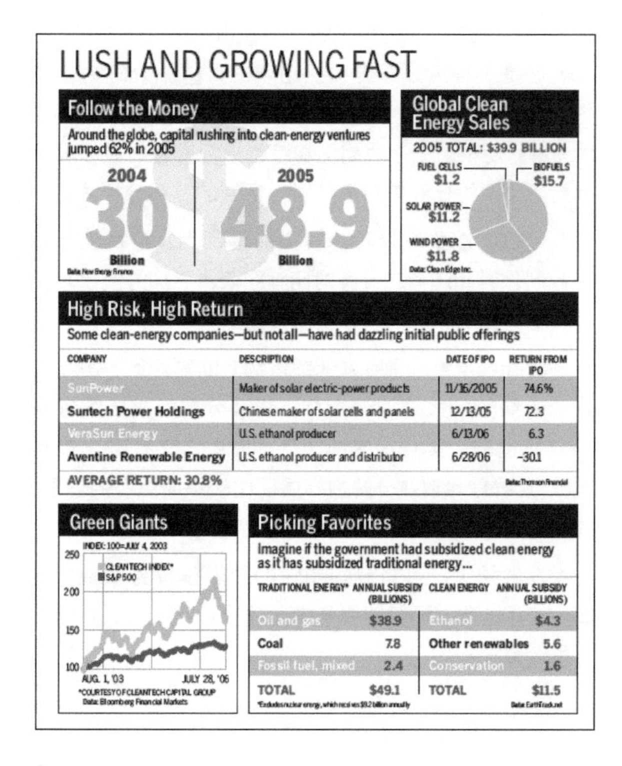

图3–45 Dashboard式的图表组织方法

例图来源：《商业周刊》网站。

第 4 章

高级图表制作

本章介绍一些较为高级图表类型的制作方法，如专业分析人士常用的瀑布图、数据地图等专业图表，动态图表的原理和应用形式，以及 Sparklines 等国外最新的商业图表类型。了解和掌握这些方法，你将真正步入商务图表的高级阶段，并与国外最新趋势接轨。

4.1 瀑布图

瀑布图（Water Fall）是由麦肯锡公司发明的一种图表类型，类似于图 4-1 的样式。瀑布图常用来反映从一个数字到另一个数字的变化过程，也可用来反映构成关系。比如：

- 从去年的经营收入到今年的经营收入，各类产品影响收入增减是多少；
- 从销售收入到税后利润，各类成本费用影响多少。

虽然瀑布图在商业分析中有着大量运用，但 Excel 2007 还是没有支持这个图表类型，所以我们仍不得不运用一些技巧来制作这个图表。

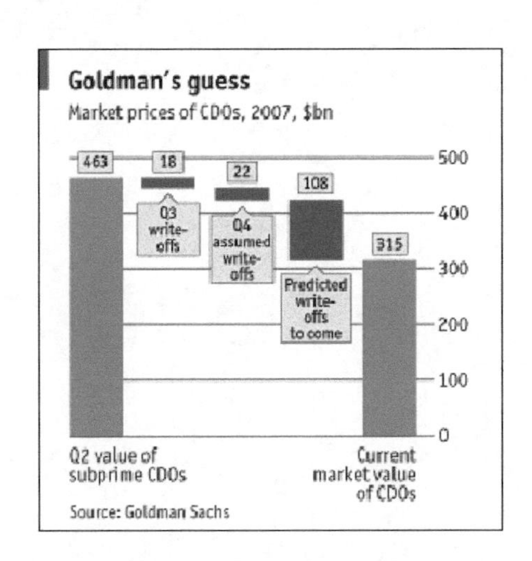

图4-1 瀑布图常用来反映数据的变化过程或者构成
例图来源：《经济学人》网站。

瀑布图做法

作图思路：可以将瀑布图想像为一个堆积柱形图，“悬空”柱子下方的空白处其实也有柱子，只不过是隐形的。这个隐形的柱形起到了占位的作用，它使其他柱子看起来有悬空的效果。以下是做法介绍。范例

1. 准备数据。根据上述思路，准备好如图 4-2所示的作图数据，包括累计系列、起点终点值、占位系列、正数系列、负数系列，每一系列数据都有它的用途。

	A	B	C	D	E	F	G	H	I
5		原始数据：			作图数据：				
6									
7		项目	金额		累计	起点终点值	占位序列	正数序列	负数序列
8		2008年收入	1,692		1,692	1,692	-	-	-
9		影响因素1	164		1,856		1,692	164	-
10		影响因素2	354		2,210		1,856	354	-
11		影响因素3	954		3,164		2,210	954	-
12		影响因素4	-450		2,714		2,714	-	450
13		影响因素5	-451		2,263		2,263	-	451
14		影响因素6	954		3,217		2,263	954	-
15		2009年收入	3,217			3,217			

图4-2 瀑布图的数据组织技巧，在于数据分离和辅助系列占位

以第 9 行为例，其公式为：

累计系列 E 的公式为：=SUM($C$8:C9)

占位系列 G 的公式为：=IF(C9<0,E9,E8)

正数系列 H 的公式为：=IF(C9>=0,C9,0)

负数系列 I 的公式为：=IF(C9>=0,0,ABS(C9))

将公式复制到第 14 行，“起点终点”系列只需要引用首尾两个数字。为简化起见，以上公式暂未考虑柱子穿越 *X* 轴的情况。

2. 用图中框线内的数据制作堆积柱形图。将“占位”系列设置为无框无色，达到隐形，其他系列就好像“悬空”起来了。到这一步，一个初步的瀑布图就已经完成。

3. 如果想将各柱子之间用横线连接起来，可将“累计”系列数据加入图表，设置其图表类型为散点图，添加误差线X，显示正偏差，设定值为1，出现水平误差线，正好连接各个柱子。去除误差线尾部的小竖线，然后设置散点图无色无点，隐藏起来。

还原隐形系列后的瀑布图其实如图 4-3，说明了瀑布图的制作原理:“占位”系列用来占位，“累计”系列的误差线 X 用来绘制连接横线，隐藏辅助系列后就是标准的瀑布图样式。

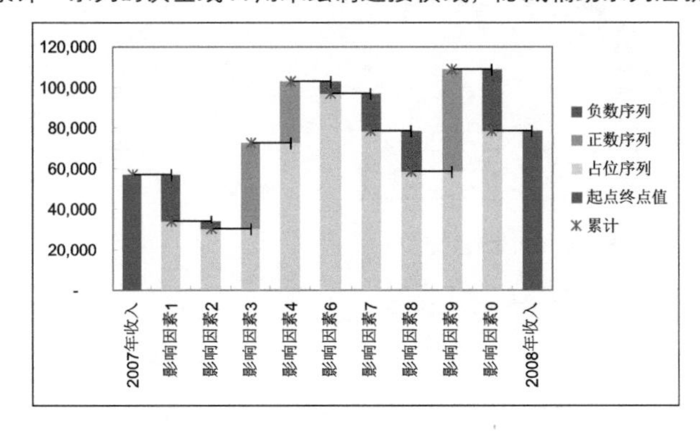

图4-3 还原的隐藏系列说明了瀑布图的制作原理

4. 如果想用上箭头代表增加、下箭头代表减少，可以绘制上、下箭头的图形，设置不同的填充颜色，分别贴入到正数系列和负数系列，实现用上升和下降箭头示意的效果。读者也可根据喜好决定是否使用第3、4步的技巧。

横向瀑布图

在实际工作中，分类项目的名称往往很长，做出来的瀑布图或者浪费空间，或者需要读者歪着脑袋看图。因此我们建议使用与表格结合的横向瀑布图，这种做法的优点是节省空间，便于阅读。在图 4-4 中，无论分类项目的名称有多长，我们都可以很好地安排分类标签、数值

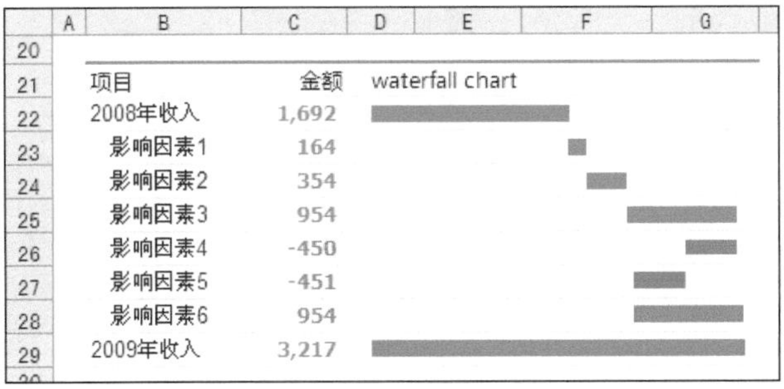

项目	金额	waterfall chart
2008年收入	1,692	
影响因素1	164	
影响因素2	354	
影响因素3	954	
影响因素4	-450	
影响因素5	-451	
影响因素6	954	
2009年收入	3,217	

图4-4 与表格结合的横向瀑布图，适合安排较长的分类标签文字

和图形，布局显得很合理。

制作横向瀑布图的方法与前述步骤完全一样，只不过使用堆积条形图而已。将做好的瀑布图设置为完全透明，放置在表格之上，调整大小与相应行列对齐即可。如果将图表锚定到表格的首尾行之间，图表还可随表格行高的变化而变化，方便进行调整。范例

穿越X轴的瀑布图

有时候，数据的取值情况会要求瀑布图的柱子穿越 X 轴，如果使用前述方法，需要将辅助数据再进行扩展，比较复杂。下面再介绍另外一种方法，利用曲线图的涨跌柱线选项，也可以很简单地实现瀑布图，并且支持穿越 X 轴的情况。范例

1. 组织作图数据如图4-5所示。

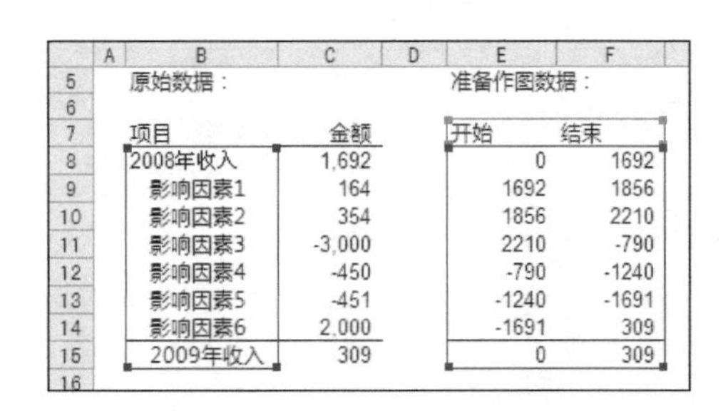

	A	B	C	D	E	F
5		原始数据：			准备作图数据：	
6						
7		项目	金额		开始	结束
8		2008年收入	1,692		0	1692
9		影响因素1	164		1692	1856
10		影响因素2	354		1856	2210
11		影响因素3	-3,000		2210	-790
12		影响因素4	-450		-790	-1240
13		影响因素5	-451		-1240	-1691
14		影响因素6	2,000		-1691	309
15		2009年收入	309		0	309
16						

图4-5 根据瀑布图的起点和终点组织两列数据

辅助数据的设计思路是这样的：每一对开始和结束表示一个柱子的起点和终点，终点的数值是到该行为止的累计值，起点的数值则是到前一行为止的累计值，也即上一行的终点。其公式设置如下：

E8：= 0　　F8：= E8 + C8

E9：= F8　　F9：= E9 + C9

……

E15：= 0　　F15：= E15 + C15

2. 使用“开始”和“结束”系列（图中框线部分）作曲线图，此时图表中为两条曲线。

3. 任选一条曲线，在数据系列格式中勾选“涨/跌柱线”，在两条曲线之间会出现上升和下降的柱子，见图 4-6。

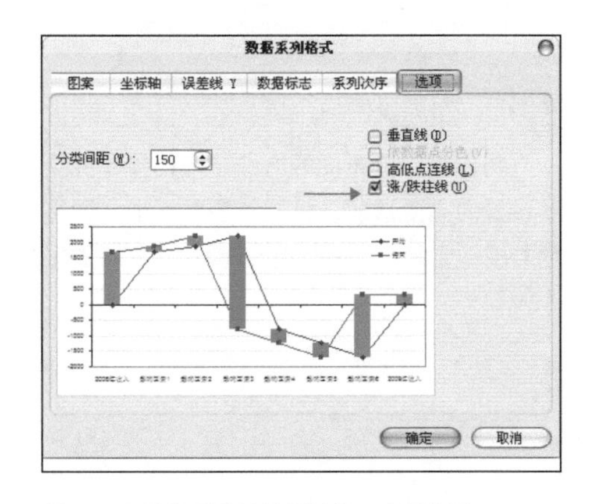

图4-6 利用涨/跌柱线选项绘制一个瀑布图

涨跌柱是多系列曲线图才有的选项，它以柱形图的形式显示从第一个数据系列到最后一个数据系列之间的差距，分为涨柱和跌柱，可以分别选择后进行格式化。事实上，Excel 中的股价图类型本质上就是利用这个涨跌柱选项制作的。

4. 对上升和下降的柱子分别进行填色，再将曲线图设置隐形，一个瀑布图就已经完成。图4-6正好显示了隐藏辅助系列之前的图表情形，说明了这种方法的制作原理。

5. 如果需要显示数据标签，可选择“结束”数据系列，利用XY Chart Labeler工具，将其数据标签指定为原始数据C列，放置到涨跌柱的上方或下方位置。

6. 如果想将各个柱子用横线连接起来，做法同前。将“结束”系列（不含最后一行）再次加入图表，设置图表类型为散点图，添加误差线X，显示正偏差，设置定值1，出现水平误差线，正好连接各个涨跌柱。

4.2 不等宽柱形图

不等宽柱形图是柱形图的一种变化形式，如图 4-12 的样式。它用柱形的高度反映一个数值的大小，同时用柱形的宽度反映另一个数值的大小。这种情况在市场研究中是很常见的，如按性别、年龄、教育、收入等维度来观察数据，而这些维度的各成员都有不同的比例或权重，是需要纳入分析范畴考虑的。

我们先以一个简单的例子来说明如何制作一个不等宽柱形图。如表 4-1 中，是某通信公司不同产品的用户规模和 ARPU 值数据，我们希望用柱形图的宽度代表用户规模，柱形图的高度代表 ARPU 值。本节介绍两种方法来制作不等宽柱形图，也适用于不等宽条形图。

表4-1 某公司不同产品的用户规模和ARPU值数据

	用户规模	ARPU	累计规模
产品1	50	30.00	50
产品2	25	25.00	75
产品3	15	45.00	90
产品4	10	65.00	100

分组细分法

作图思路：我们把总用户规模看作是100%，制作有100个柱子的柱形图，这100个柱子按用户规模的比例分配给各产品，成为4组柱子，每组的高度等于该组的ARPU值，这样就用分组的柱形图形成了一个不等宽柱形图。范例

1. 首先组织数据如图 4–7。D~G列均用公式复制填充，可轻松完成数据组织。以E16为例，其公式设置为：E16=IF(AND(C16>$F$5,C16<=$F$6),$D$6,"")。

2. 然后，以图中方框内数据作堆积柱形图，即可出现不等宽柱形图的大致模样。设置柱形图分类间距为0，边框线无颜色，就可以得到如图 4–8的图表。之后我们可以手工为其添加需要的数据标签等，直至图 4–12的样式。

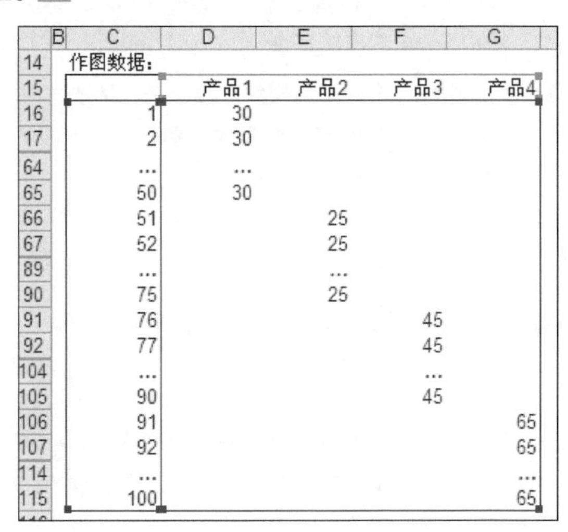

	B	C	D	E	F	G
14	作图数据：					
15			产品1	产品2	产品3	产品4
16		1	30			
17		2	30			
64		…	…			
65		50	30			
66		51		25		
67		52		25		
89		…		…		
90		75		25		
91		76			45	
92		77			45	
104		…			…	
105		90			45	
106		91				65
107		92				65
114		…				…
115		100				65

图4–7 分组法的数据组织

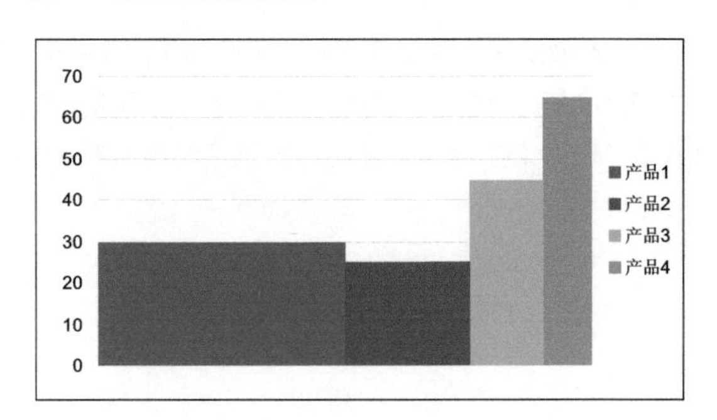

图4–8 初步完成的不等宽柱形图

时间刻度的面积图

前面介绍的细分法，思路比较简单，但需要准备的作图数据比较多。我们还可以使用一种"堆积面积图＋时间刻度"的方法。这种做法数据准备简单，作图思路巧妙，但理解上稍有点难度，它是用堆积面积图来模拟出柱形图。范例

1. 准备作图数据如图 4-9所示，注意其中H列的组织技巧。
2. 使用方框内的数据做堆积面积图，这时柱形图是呈梯形变化的（图 4-10），还不是我们想要的样子。

	G	H	I	J	K	L
3		作图数据：				
4			产品1	产品2	产品3	产品4
5		0	30.00			
6		50	30.00			
7		50				
8		50		25.00		
9		75		25.00		
10		75				
11		75			45.00	
12		90			45.00	
13		90				
14		90				65.00
15		100				65.00

图4-9 时间刻度的数据组织

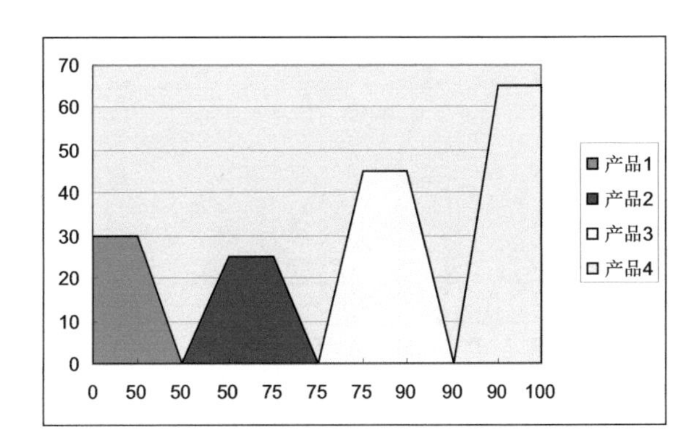

图4-10 未设置时间刻度时柱形图是呈梯形的

3. 设置X轴为时间刻度。在“图表选项→坐标轴→分类（X）轴”下面，选择“时间刻度”，这时柱形图就由梯形变为矩形，正是我们想要的样子，见图 4-11。这时X轴标签的数据格式是日期型的，将其调整为普通数值型或删除。

4. 进行其他格式化。图表中的4个矩形，实际上是4个系列的面积图，可分别进行格式化，如设置其边框线为白色，填充不同的颜色，非常方便。

5. 手动或使用添加辅助系列的方式，为图表添加各类数据标签，最后完成的图表如图4-12所示。辅助系列方式是运用隐藏的散点图在相应的位置显示相应的标签，请参阅范例文件。

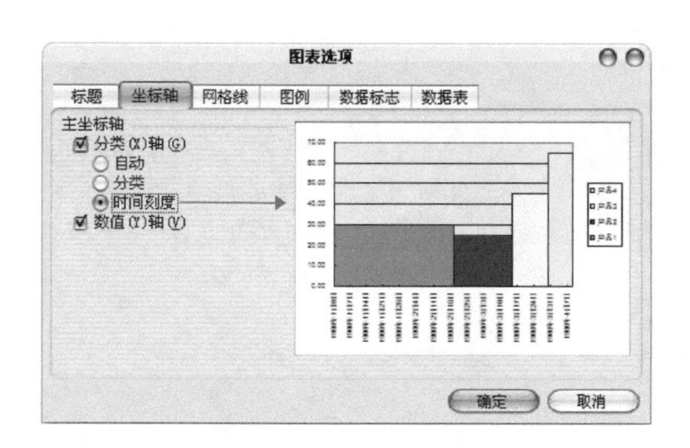

图4-11 设置分类轴为时间刻度后，梯形变为柱形

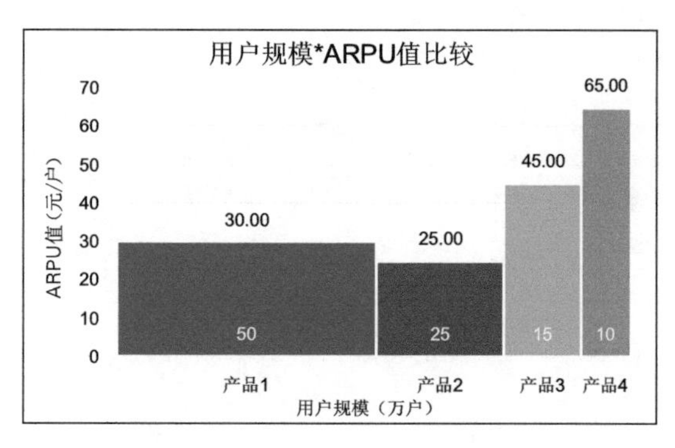

图4-12 利用时间刻度的堆积面积图制作的不等宽柱形图

多度量的不等宽条形图

前面介绍的例子，在 *Y* 轴方向只有一个度量，即 ARPU 值。实际工作中常有需要反映多个度量的情况。图 4–13 是美国 2009 年大选结束后华尔街日报制作的图表，反映不同年龄分段人群的权重比例，和各年龄分段人群支持奥巴马、麦凯恩以及中立的比例，在 *Y* 轴方向有 3 个度量。

对于多度量的不等宽柱形图 / 条形图，其作图思路还是一样的，前面介绍的两种方法仍适用，只不过是数据准备上度量多一些而已，具体做法可参照范例文件。范例

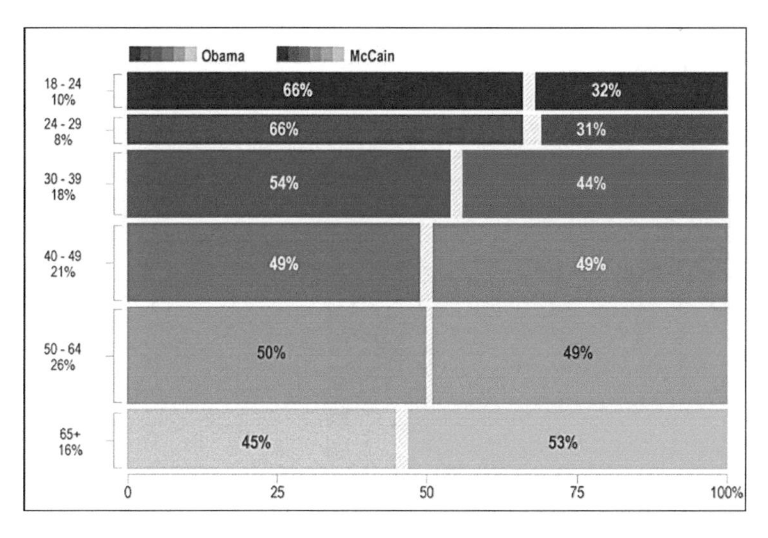

图4–13 具有3个度量的不等宽条形图　例图来源：《华尔街日报》。

细分市场份额矩阵

不等宽柱形图的作图技巧，可用来制作一种叫作 Mekko 图的细分市场份额矩阵。范例

Mekko 图是帮助战略规划者和决策制定者通盘考虑的商业图表，也称为市场地图或变宽柱形图。简单地说，Mekko 图能在单一的、二维的图表中，表现 3 个层级的数据（如按竞争者、按细分市场分的销售额）。Mekko 图因其可以直观、图形化地表现复杂数据和概念的能力，广泛地应用于公司会议。

细分市场份额矩阵图适合于表现不同的细分市场的规模和各竞争对手的市场份额，例如图 4–14，反映了在美国本土、国际、许可权 3 个不同规模的细分市场上，Nike、Reebok、Adidas 等公司分别占有的市场份额。

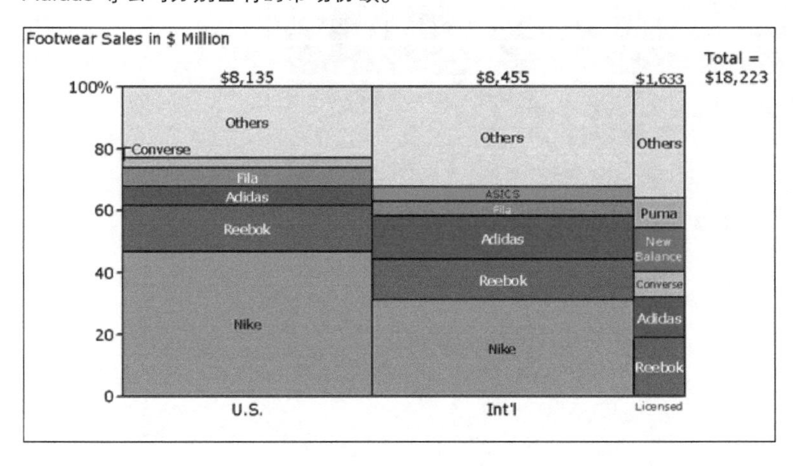

图4–14 反映细分市场份额的Mekko图，可运用不等宽柱形图技巧来制作

4.3 滑珠图

图 4-15 是《经济学人》杂志在美国 2009 大选后制作的图表，分类比较奥巴马和麦凯恩的支持率。在实际的商业活动中，类似的数据作图需求是非常多的，如某次市场调查结果，需要按性别、年龄、收入等维度进行分组分析。这是一种很有用途的图表类型，但没有看到老外给出确切的名字，因为像珠子在横杆上滑动，姑且称作“滑珠图”。

作图思路：两组珠子可以用散点图制作，横杆本来可以用网格线制作，但考虑到便于分类标签的实现，以及横杆可能需要留空分组的情况，我们使用条形图来做。范例

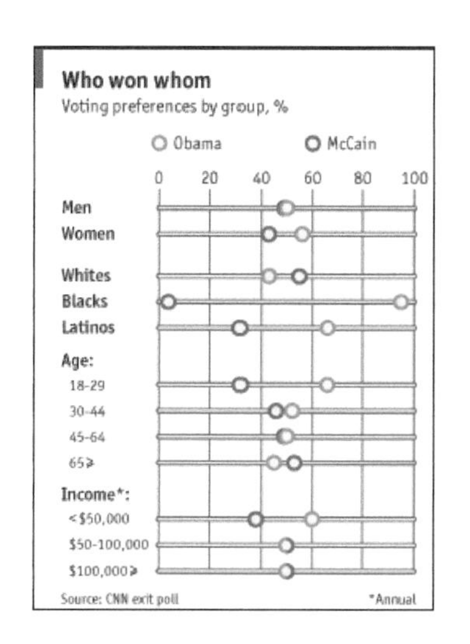

图4-15 两组数据的比较，像小珠子在横杆上滑动

例图来源：《经济学人》网站。

1. 准备作图数据如图 4-16。假设需要比较各项目两年的指标，在原数据基础上，我们增加E、F两列辅助数据，E列用来做条形图，F列用来作为散点图的y值。其中F列带小数0.5，是为了让散点图与条形图位置匹配。
2. 用B3:E13的数据做簇状条形图，反转分类次序。

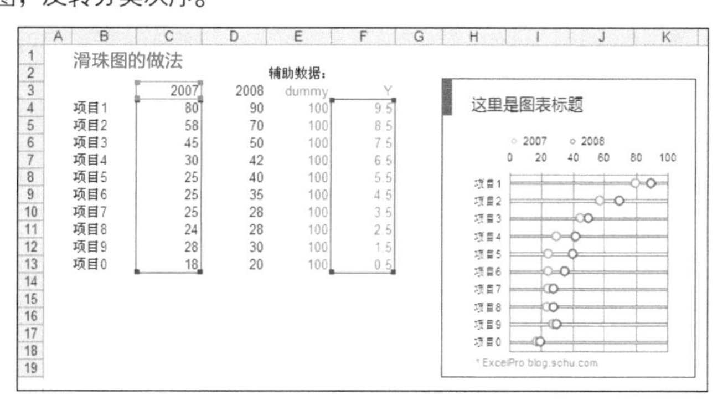

滑珠图的做法

	2007	2008	dummy	Y
项目1	80	90	100	9.5
项目2	58	70	100	8.5
项目3	45	50	100	7.5
项目4	30	42	100	6.5
项目5	25	40	100	5.5
项目6	25	35	100	4.5
项目7	25	28	100	3.5
项目8	24	28	100	2.5
项目9	28	30	100	1.5
项目0	18	20	100	0.5

图4-16 滑杆图的数据组织

3. 选中C列Excel 2007年的数据系列，将其图表类型改为散点图，然后在数据源对话框中指定x值为C列，y值为F列，见图 4–17。对D列2008年的数据系列也作同样处理。

4. 将E列条形图变窄，设置边框和填充色（或贴入一个细长的圆角矩形框），使之好像镂空的效果，模拟横向的滑杆。

5. 删除辅助系列的图例项，设置数据点标记，设置*Y*轴最大刻度为100，进行其他格式化，可达到例图的效果。

在这个方法中，本质是两组散点图数据的比较。E 列数据的作用除了模拟横条，还帮我们显示了左边的分类标签，因为仅做散点图是不会有分类标签的。如果分类数据需要分组，就像图 4–15 中 Age 和 Income 处的空白，我们只需要清除该行的作图数据，图表中就会留下一个空行。

这种图表在商业杂志上其实很常见，用得好效果很不错，如替代多系列的条形图。当条形图的分类多、数据点多，如比较各分公司连续 3 年的指标值，很多条形图并列在一起可能效果并不好，这时用滑珠图替代就不错。

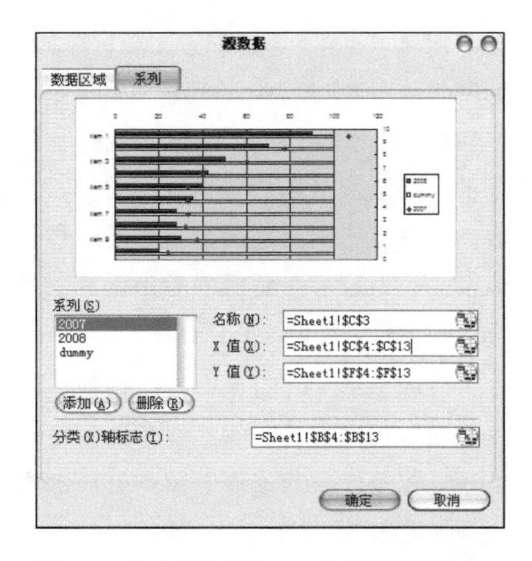

图4–17 指定散点图的x、y值的引用位置

4.4 热力型数据地图

热力地图（HeatMap）是最常见的数据地图（DataMap）形式之一，形式如图 4-18。它对不同区域用填充颜色的深浅表示数值的大小，属于商业杂志经常使用的高级图表类型。我们是否也可以制作这样的图表呢?

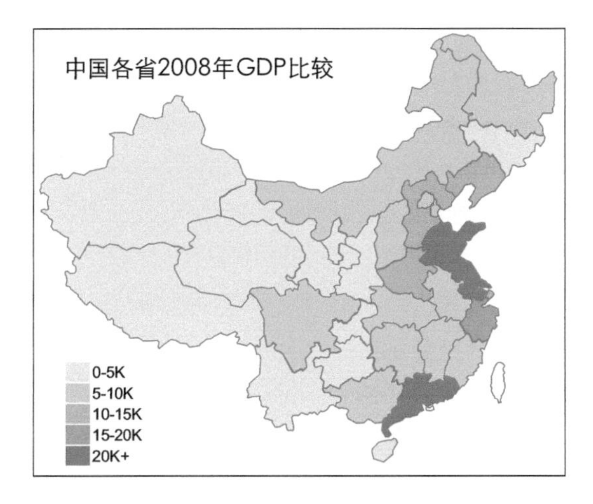

图4-18 HeatMap数据地图，颜色的深浅代表数值的大小，提供了与地理位置的关联信息

Excel 2002 之前的版本，本来含有一个地图模块可以绘制数据地图，但后来的版本将其剥离出去单独售卖，所以我们现在使用的 Excel 无法绘制数据地图。其实该模块也仅能制作中国地图而已，本节介绍一种方法，用 Excel 实现热力地图的制作，而且我们可以 DIY 任意地区的数据地图。

作图思路：我们为每个区域准备一个自选图形，将其数值与分组阈值比较，得出其所属分档和颜色图例，然后对自选图形填充以相应的颜色，即可完成一个热力地图。

地图图形的准备

首先，在网上找到一个矢量格式的地图文件。所谓矢量格式，是使用线条来描述图形，可以无级放大而不会变模糊，其文件后缀名一般为 .WMF、.AI、.EPS、.CDR 等。Excel 可以读取 .WMF 格式的文件，其他格式的一般需要专门的软件打开。导入 Excel 后，该地图可以打散（取消组合）为一个个独立的自选图形，每个自选图形对应一个区域。

如果你要做自己地区的数据地图，比如武汉市分为武昌区、汉阳区等，在网上可能无法找到相应的矢量地图，这时我们需要自行绘制，方法如下：

- 首先找到一个当地的地图图片，一般 JPG 格式的地图还是很好找的，导入 Excel；
- 在放大视图下，使用绘图工具栏→自选图形→线条→自由曲线，按照地图轮廓进行勾描，每个区勾描成一个封闭小块，最后形成一个全市分区的自选图形地图。这个细活需要花一点功夫，但一次完成长期使用，还是值得的。

地图模型的构建

有了地图图形后，我们开始制作地图的引擎模型。以下内容稍微有些复杂，请找到并打开范例文件对照阅读。范例

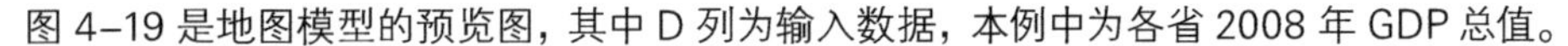

图 4–19 是地图模型的预览图，其中 D 列为输入数据，本例中为各省 2008 年 GDP 总值。

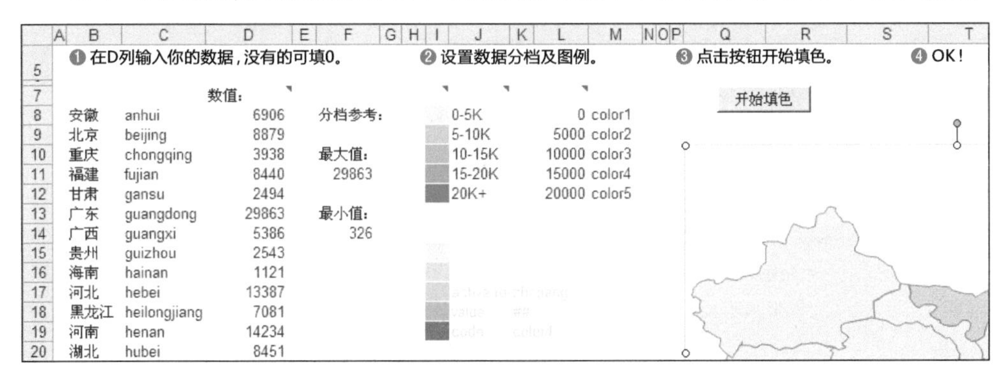

图4–19 数据地图的引擎模型示意

1. 为各省的自选图形命名

我们用每个省的拼音字母为其图形命名。如选中湖北省的自选图形，在 Excel 左上角的名称框中输入湖北的拼音名 *"hubei"*，回车，则这个图形就被命名为 *"hubei"*，后面会用这个名称来引用这个图形。按此方法逐一完成所有区域图形的命名。

2. 设置数据分档阈值和图例

假设我们要把各省 GDP 数据分为 5 个层级进行分档填色，在 I 列设置填色样式，J 列填入文字标签（注意 I8:J12 区域在后面将被拍照引用为图例）。在 L 列设置分档阈值，填入 J 列标签的下限，M 列是该档对应的颜色名。

注意在设置分档间距、颜色深浅时，二者应该呈线性比例地变化。推荐的颜色设置方式是使用同一色调的不同饱和度。当有负数时，可从一个色调渐变到另一个色调。

3. 为模型定义名称和公式（如表4-2所示）

表4-2 定义模型名称

名 称	单元格	说 明
RegData	=Datamap!$C$8:$D$38	源数据区域
ActReg	=Datamap!$K$17	临时存放“当前区域”的拼音名，如*hubei*
ActRegValue	=Datamap!$K$18	临时存放“当前区域”的指标值，如*8633* =VLOOKUP(ActReg,RegData,2,FALSE)
ActRegCode	=Datamap!$K$19	临时存放“当前区域”的颜色代码，如*color4* =VLOOKUP(ActRegValue,L8:M12,2,TRUE)
color1	=Datamap!$I$8	填色代码1
color2	=Datamap!$I$9	填色代码2
color3	=Datamap!$I$10	填色代码3
color4	=Datamap!$I$11	填色代码4
color5	=Datamap!$I$12	填色代码5

请注意 K19 的公式，VLOOKUP 函数的最后一个参数 TRUE 指定了使用模糊查找方式，即返回小于查找值的最大数。

4. 制作填色按钮

绘制一个按钮，为其指定如下的宏代码。

```
Sub FillMapColor()
For i = 8 To 38  ' 为数据源的起始和结束行号，根据区域的多少来定
    Range("ActReg").Value = Range("datamap!C" & i).Value
    '将C列的拼音名填入“当前区域”，即K17
    ActiveSheet.Shapes(Range("ActReg").Value).Select
    '选中“当前区域”中的拼音名所对应的图形
    Selection.ShapeRange.Fill.ForeColor.RGB = _
    Range(Range("ActRegCode").Value).Interior.Color
    '将选中的图形填充以“当前区域”的颜色代码所指向的单元格的填充样式
Next i
End Sub
```

如代码中的注释所说明，这段宏对每一个区域，以*湖北*为例，首先将其拼音名 *hubei* 填入 K17。这时 K18 的函数会根据 K17 的拼音名，查找返回相应的指标值 *8451*；K19 的函数又会根据 K18 的指标值，查找返回相应的颜色代码 *color2*。然后宏把 *color2* 作为名称所指向的单元格 I9 的填充样式，复制到名称为 *hubei* 的图形进行填充。

5. 点击按钮测试功能

点击按钮运行宏，每个区域的图形就被根据其对应数值与阈值的匹配情况，填充了相应的颜色。

为导出方便，我们将单元格 I8:J12 拍照引用到地图左下角，作为图例；再将地图所在的 AO10:AT30 区域拍照引用到 Q10 处。要导出地图时，只需要复制这个拍照对象就可以了。

地图工具的使用

至此，一个层析填色型的热力地图工具就完成了。需要使用的时候，我们只需要 3 个步骤：

- 在 D 列填入你的数据；
- 在 I、J、L 列设置分档阈值和填色图例；
- 按下填色按钮，生成热力地图。

非常简单和惬意，现在我们也可以像商业杂志一样制作专业的数据地图，而且效果也丝毫不比它们差。

很多公司可能需要按大区进行分析，如华东区、华南区等等。这时我们可以将某几个省的图形组合起来之后再命名。这时候你的数据源也要按华东区、华南区等进行组织。简言之，将大区作为一个区。

如需增加分档层级，可根据以上过程，自行修改相应参数来扩展层级。若分档阈值有负数的情况，L 列仍按从小到大排序，L8 需要填入一个小于所有区域取值的负数。

如需在地图上增加区域名、指标值，可以通过在各省图形的上面绘制一个文本框，然后将其链接到相应的单元格。但一般建议不必添加，地图上少放些内容，会显得更加清晰。

在我的博客上，众多网友一起 DIY 并分享了中国大部分省的数据地图工具，读者可参考使用。至于你要作当地地图的话，就需要自己动手了。

4.5 气泡型数据地图

2009 年来，国外商业杂志上非常流行一种气泡型数据地图。这种数据地图是在地图上以气泡大小来代表各区域数值的大小。例如图 4–20 反映的是 3 家公司在 2009 年金融危机中关闭各地零售门店的数量。

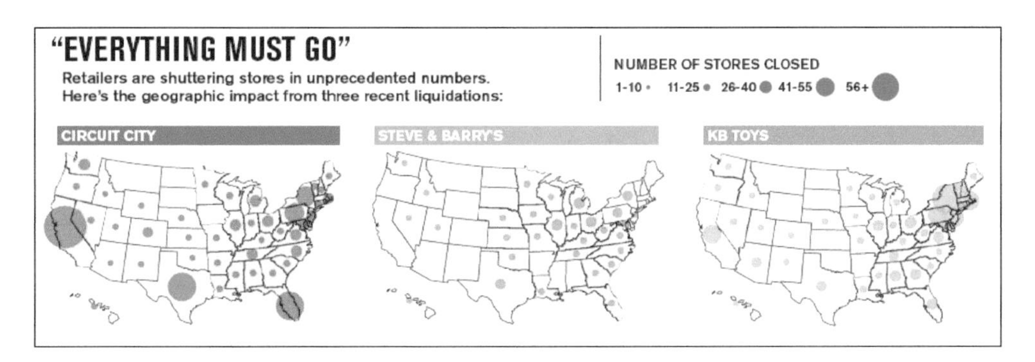

图4–20 气泡型数据地图，圆圈的大小代表该区域数值的大小 例图来源：《商业周刊》杂志。

作图思路：相比热力地图，气泡地图的制作方法要简单得多。制作一个气泡图，气泡的大小代表数值的大小；绘图区用一个地图图片填充，衬在气泡下面，气泡的位置与区域对应。稍微麻烦一点的是如何确定气泡的位置，不过我们并不需要知道准确的经纬度数据，而是运用一个拽动数据点的操作技巧来完成它。范例

1. 我们先组织数据如图4-21。C、D列可先用过渡数据代替，假设你有10个地区，（x，y）的数据可先暂时填为（1，1）、（2，2）……（10，10）。

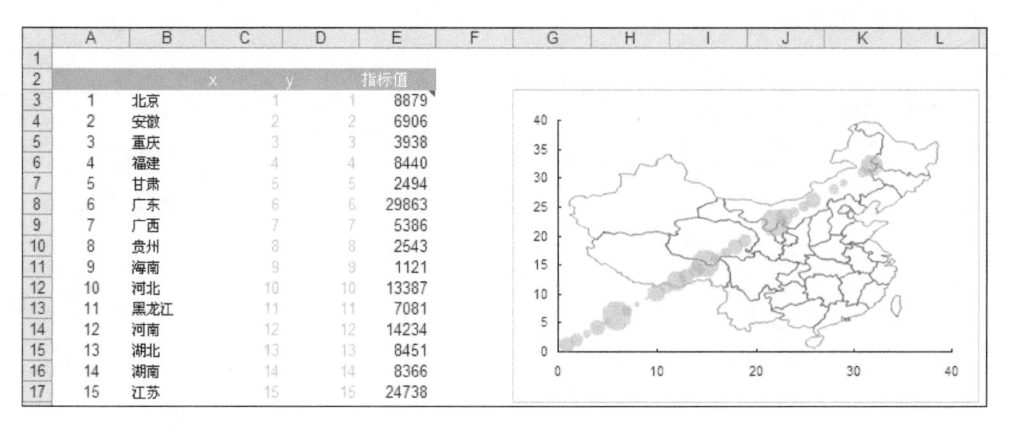

	A	B	C	D	E
1					
2			x	y	指标值
3	1	北京	1	1	8879
4	2	安徽	2	2	6906
5	3	重庆	3	3	3938
6	4	福建	4	4	8440
7	5	甘肃	5	5	2494
8	6	广东	6	6	29863
9	7	广西	7	7	5386
10	8	贵州	8	8	2543
11	9	海南	9	9	1121
12	10	河北	10	10	13387
13	11	黑龙江	11	11	7081
14	12	河南	12	12	14234
15	13	湖北	13	13	8451
16	14	湖南	14	14	8366
17	15	江苏	15	15	24738

图4-21 使用过渡的坐标位置数据，先得到一连串的气泡

2. 用B~E列的数据做气泡图，将*X*轴和*Y*轴的最小刻度均设为0，设置缩放气泡大小为40%左右。这时得到的图表应该是从左下角到右上角一连串的气泡。

3. 找到或者制作一个与例图类似的地图图片，理想的是白底灰线条型的，将其填充到图表的绘图区。这时图表应该是类似图4-21右边的效果。

4. 现在我们要把各个气泡拖动到其对应的区域上面。

以北京为例，先选中整个数据系列，稍后再选中北京的数据点，当鼠标光标悬停在其上面时，会变成一个十字箭头，这时按住鼠标左键，拽住数据点沿水平方向拖动，再沿垂直方向拖动，直到将该数据点置于地图上北京的位置所在。用同样的方法，将各区域的数据点逐一拖拽到相应的位置。注意，Excel 2007 已不支持这一方法，你必须在 Excel 2003 中才能这样操作。

5. 为让气泡呈半透明的效果，绘制一个圆圈，设置其填充色透明度为60%左右，无边框线，将其贴入到数据系列的气泡上。

6. 删除或隐藏坐标轴，进行其他格式化，完成的气泡型数据地图应如图4-22。以后要用的时候，只要把数据填入E列，就可以自动得到一个数据地图了。

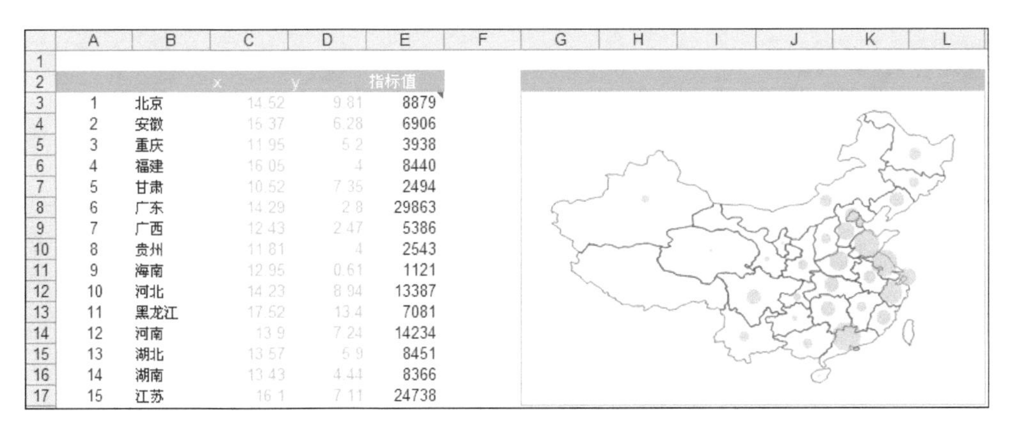

	A	B	C	D	E
1					
2			x	y	指标值
3	1	北京	14.52	9.81	8879
4	2	安徽	15.37	6.28	6906
5	3	重庆	11.95	5.2	3938
6	4	福建	16.05	4	8440
7	5	甘肃	10.52	7.35	2494
8	6	广东	14.29	2.8	29863
9	7	广西	12.43	2.47	5386
10	8	贵州	11.81	4	2543
11	9	海南	12.95	0.61	1121
12	10	河北	14.23	8.94	13387
13	11	黑龙江	17.52	13.4	7081
14	12	河南	13.9	7.24	14234
15	13	湖北	13.57	5.9	8451
16	14	湖南	13.43	4.44	8366
17	15	江苏	16.1	7.11	24738

图4-22 完成的气泡地图

气泡地图能快速发现数值特别大的区域，缺点是对数值较小或较接近的区域，往往难以分辨和比较其大小。因此一般在数据差异较悬殊、相邻区域气泡交叉少的情况下比较合适。

4.6 制作动态图表

动态图表也称交互式图表，即图表的内容可以随用户的选择而变化，是图表分析的较高级形式。一旦从静态图表跨入动态图表，则分析的效率和效果都会得到极大提升。一个好的动态图表，可以让人从大量的数据里快速找到问题所在。一个好的分析模型，必然不能缺少动态图表这个元素。

辅助系列法

动态图表其实并不神秘，做法也有很多种，我们先介绍一种最常用，也是最直观、易于理解的做法，即辅助系列法。

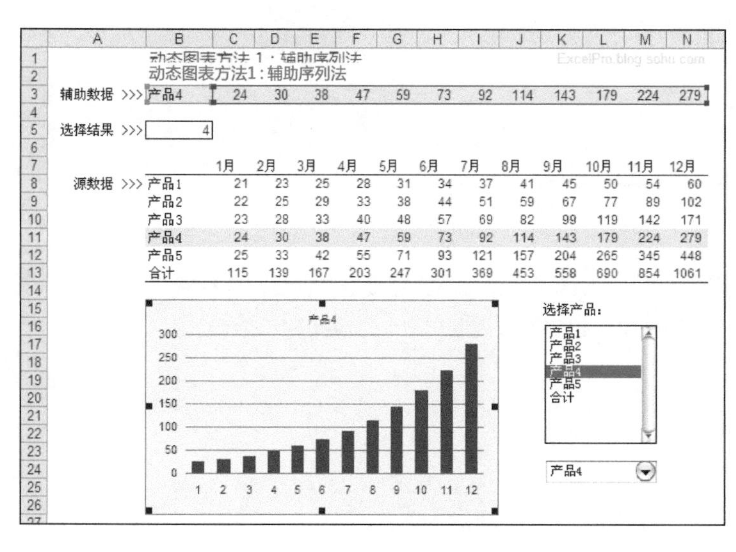

源数据 >>>	1月	2月	3月	4月	5月	6月	7月	8月	9月	10月	11月	12月
产品1	21	23	25	28	31	34	37	41	45	50	54	60
产品2	22	25	29	33	38	44	51	59	67	77	89	102
产品3	23	28	33	40	48	57	69	82	99	119	142	171
产品4	24	30	38	47	59	73	92	114	143	179	224	279
产品5	25	33	42	55	71	93	121	157	204	265	345	448
合计	115	139	167	203	247	301	369	453	558	690	854	1061

图4-23 一个典型的使用辅助系列法的动态图表模型

通常，一个典型的动态图表模型如图 4-23 所示，用户通过选择框选择目标数据，选择结果被记录下来，然后相应的数据被引用到辅助数据区域。再以该辅助区域的数据做图表，那么图表就具有动态交互的能力。下面我们说明这个简单动态图表的制作过程。范例

1. 制作选择器。

点击菜单“视图→工具栏→窗体”，出现窗体工具栏。

选取位于图中第 7 个按钮的列表框控件，在 K16 处画出一个列表框。双击进入其设置对话框（图 4–24），将数据源区域设置为产品名称所在的区域 B8:B13，将单元格链接设置为存放选择结果的单元格 B5，确定。现在试着测试列表框，可以发现选择结果以序号反映在 B5 单元格。

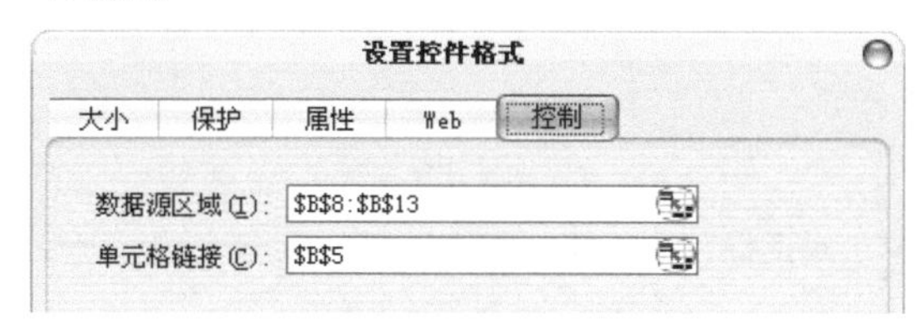

图4–24 设置窗体控件的控制选项

2. 现在，我们要按B5中的选择结果，将数据源中对应行搬到第3行。

设置 B3 的公式为：=INDEX(B8:B13,$B$5)，将公式复制到 C3:N3。如用 OFFSET 函数，则 B3 的公式也可写为：=OFFSET(B7,$B$5,)。

3. 以第3行B3:N3区域为源数据制作图表。

4. 试着改变列表框的选择，图表将跟随变动，一个动态图表已经完成。

这个动态图表示例非常简单，但绝大部分动态图表都是运用这一思路去制作的，无非复杂程度不一样而已。

动态名称法

与上述方面相比，定义名称法省去辅助数据区域，直接用动态名称为图表提供数据源。

一般使用 OFFSET 函数来定义动态名称，它以指定的单元格为原点，根据偏移量参数返回一个单元格或单元格区域。其语法如下：

```
=OFFSET(reference,rows,cols,height,width)
```

其中各参数的含义：

reference 为偏移的起始参考位置，可理解为原点

Rows　为行方向的偏移量，正数向右，负数向左

Cols　为列方向的偏移量，正数向下，负数向上

Height　为偏移后区域的高度（行数）

Width　为偏移后区域的宽度（列数）

还是前面的例子，可在“插入→名称→定义”对话框（图 4-25）中定义如下的动态名称。范例

dy_co	=OFFSET(Sheet1!$B$7,Sheet1!$B$5,,,)	返回公司名
dy_data	=OFFSET(Sheet1!$C$7,Sheet1!$B$5,,1,12)	返回12个月的数据系列

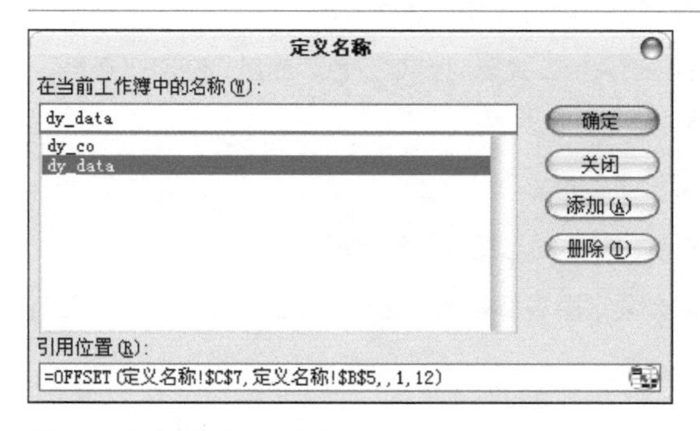

图4-25 定义动态引用的名称

以原数据的任意一行制作一个图表后，在公式栏中将其系列公式修改为：

=SERIES(' 动态图表 .xls'!dy_co,,' 动态图表 .xls'!dy_data,1)

则图表的源数据就由名称 dy_co 和 dy_data 来供应了。当用户的选择改变，B5 的值也改变，名称 dy_co 和 dy_data 所指向的区域也就发生了改变，所以图表也跟随变化。

对于初学者来说，这种定义动态名称的方法不是很直观，需要一定的理解力。如果不是非常熟练，还可以改用如下的名称定义办法：

首先以第 7 行数据定义如下的静态名称：

chanpin　　=' 定义名称 (2)'!$B$7

yuefen　　=' 定义名称 (2)'!$C$7:$N$7

再以此静态名称为偏移基础，定义如下动态名称：

dy2_co　　=OFFSET(chanpin,' 定义名称 (2)'!$B$5,0)

dy2_data　　=OFFSET(yuefen, ' 定义名称 (2)'!$B$5,0)

这样定义的优点是动态名称的公式显得简洁整齐，易于理解，也易于输入。

还有很多其他的方式来制作动态图表，但最常用的就是这里介绍的辅助系列法和动态名称法，一般情况下有这两种做法已经足够对付各类动态图表需求。

选择器的制作

选择器是动态图表的主要组件，一般有 3 种做法。

1. 使用窗体控件

前面的例子就是使用了窗体控件的列表框对象，其他的还有组合框、复选框等，都可以很方便地提供选择器。我们只需为窗体控件指定数据源区域和链接单元格，用户的选择会以“序号”反映到链接单元格。

2. 使用控件工具箱

在 Excel 中还有另外一种控件，即控件工具箱。点击菜单“视图→工具栏→控件工具箱”，即出现控件工具箱工具栏。

控件工具箱控件的绘制和设置方法与窗体控件略有不同。例如在控件工具栏中选取列表框控件，在目标位置画出一个列表框，然后在控件工具栏中点击属性按钮，出现图 4-26 的对话框。

在 ListFillRange 字段设置引用单元格区域，在 LinkedCell 字段设置链接单元格。然后在控件工具栏点击 按钮退出设计模式，刚才绘制的控件列表框就会生效。

与窗体控件不同的是，用户在控件工具箱控件上的选择会直接以所选择的“值”反映到链接单元格。如用户选择“产品 5”，其链接单元格 B3 就会直接被赋值为“产品 5”。若使用窗体控件的话，B3 则会被赋值为序号“5”。

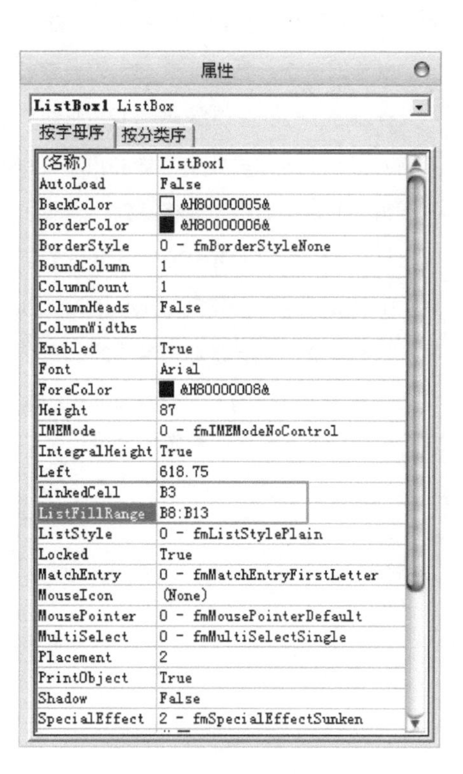

图4-26 控件工具箱的属性设置

由于选择的结果是直接以“值”反映到 B3，所以 C3:N3 的公式也要相应变化。一般有两种做法：

Index + match 配合： C3 = INDEX(C8:C13,MATCH($B$3,$B$8:$B$13))

Vlookup 查找： C3 = VLOOKUP($B$3,$B$8:$N$13,2)，其中参数 *2* 指从查找区域返回第 2 列，在复制公式时要进行相应调整，或使用其他方式动态引用。

3. 使用数据有效性

使用单元格的数据有效性，也可以提供一个简单的选择器。这是最简单的选择器方法，唯一缺点是当没有选中这个单元格时，就看不到单元格右侧的选择箭头，需要做好提示说明。

选择 B3 单元格，点击菜单“数据→有效性”，会出现图 4-27 的对话框。

在“允许”框中选择“系列”，在“来源”框中用鼠标指定 B8:B13，确定。当鼠标放在 B3 单元格时，右边会有一个下拉按钮，用户选择后，该单元格即被赋值为所选择的“值”。

以上三种选择器的做法，可根据个人喜好进行选择，最简易的就是数据有效性了。因为返回值的方式不一样，不同的选择器需要配合使用的函数也不一样，如 INDEX(+MATCH)、OFFSET(+COUNTA)、VLOOKUP 等，可根据情况选用。

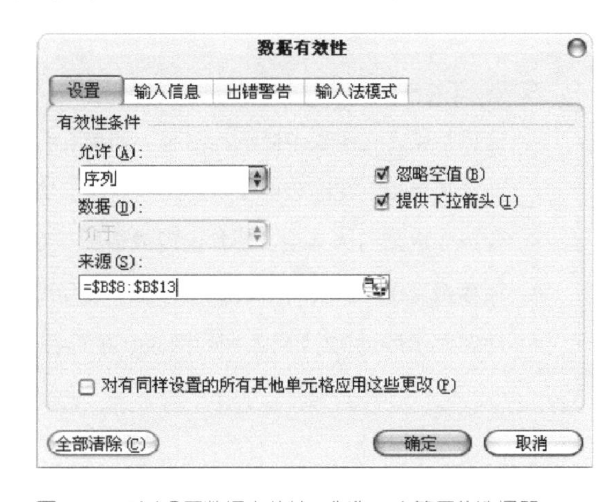

图4-27 通过设置数据有效性，制作一个简易的选择器

动态图表标题和标签

动态图表应具有动态的标题。当绘制多数据系列的图表时，图表的标题往往不会自动出现，这时可通过图表选项调出图表标题，然后将其链接到目标单元格。方法：选中标题对象，在公式栏输入：=，然后用鼠标点击目标单元格，则该单元格的值会被链接到标题上。我们可以事先在这个单元格中放置一些与用户操作联动的动态内容。

也可以在图表中加入文本框，并链接到某个单元格，以增加更多动态内容。方法：在选中图表的状态下，在公式栏输入：=，然后用鼠标点击目标单元格，则图表中会出现一个文本框，文本框会显示该链接单元格的数值。

此外，直接使用单元格存放和显示动态标题也是很好的方法。

预置式动态图表

在实际工作中会有各式各样的动态图表应用方式，常见的类型有：

- 选择某项，在图表中显示其图表。即前面介绍的简单案例；
- 选择某两项，在图表中显示其比较图表。方法是使用两行辅助数据或两组名称；
- 勾选或取消勾选某项，使其出现或消失于图表中。一般使用复选框和 IF 判断；
- 随数据源自动扩展的图表。技巧在于使用 OFFSET + COUNTA 函数定义动态名称；
- 动态显示最近 12 个月数据的图表。技巧在于使用 OFFSET 函数偏移 12 个月。

现在有一种比较流行的预置式动态图表应用形式，将可选择的系列均事先放在图表中，使用淡灰色的非突出格式化。当用户选择某个系列，该系列就变为强调的格式化来突出显示。图4–28是北京奥运会期间《纽约时报》的一个世界记录查询应用，即是此种类型。

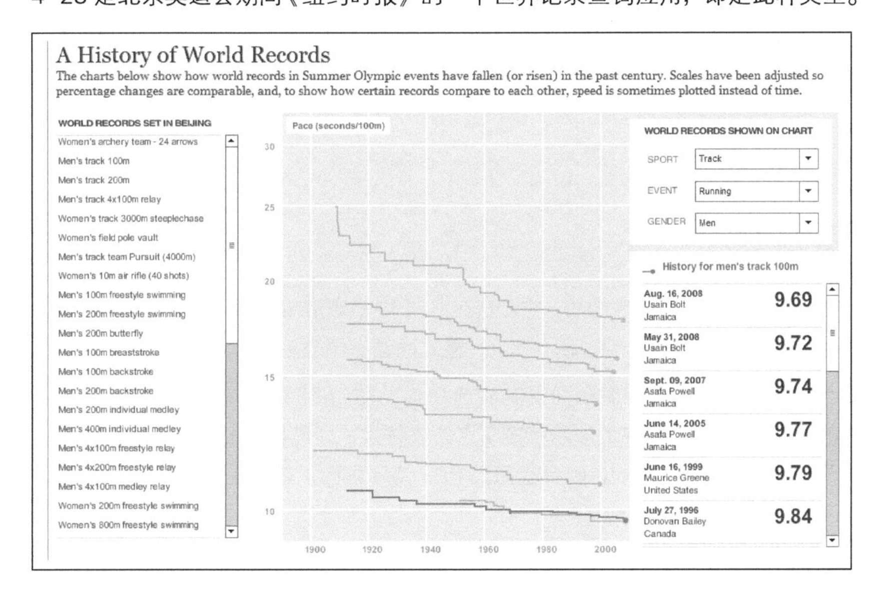

图4–28 预置式动态图表形式　例图来源：《纽约时报》网站。

这种做法的好处有：

- 所有系列均已显示在图表中，图表的纵坐标最大值将固定不变，避免了一般动态图表的纵坐标最大值随选择而变化的问题；
- 各系列之间相互提供了大小位置参考，除了趋势，更可以直接看出各系列绝对值位置，便于比较差异。

这种形式在 Excel 中的实现思路：范例

1. 先用所有数据系列作图，并使用非突出的格式化，如淡灰色、细线型，避免凌乱。
2. 使用动态图表技术，将用户选择的辅助系列也加入图表，对该系列使用强调突出的格式化，如红色、粗线型。后加入的系列会显示在最前面，刚好覆盖住之前的淡色系列。
3. 这样，当用户选择某系列时，效果上就好像该系列变粗变红了，其实是被辅助系列覆盖住了。

动态图表的演示

遗憾的是，在 Excel 中制作的动态图表，并无法在 PPT 中动态演示。对于比较重要的演示，我们可使用 Xcelsius 水晶易表软件配合，制作 flash 格式的动态图表，嵌入 PPT 演示。

对于一般日常工作，可将动态图表画面复制后选择性粘贴到 PPT 里，然后为其添加一个到 Excel 源文件的链接。这样，在 PPT 演示状态下点击该链接，即可打开 Excel 源文件进行图表的动态演示。演示完毕后关掉 Excel，则会返回到 PPT 演示画面，效果也比较好。

4.7 基于地图选择的动态图表

在《华尔街日报》这样的财经网站，我们经常会看到一种通过地图选择的交互式图表。当读者用鼠标在地图上选择某个地区，右侧的图表就会自动切换为该地区的数据。这种做法既可分析大量数据，又提供了地理位置信息，且交互性强，非常具有吸引力。我们可以利用第 4.4 节和第 4.6 节中的相关知识在 Excel 中实现这种效果。

作图思路：地图由一个个自选图形绘制而成，读者点击某个地区的图形，会触发一个宏过程，这个宏会记录下用户选择的地区名，并修改图形的填充效果。动态图表模型则会根据宏所记录的地区名变换图表的数据，产生动态交互的效果。完成的模型如图 4–29 所示。范例

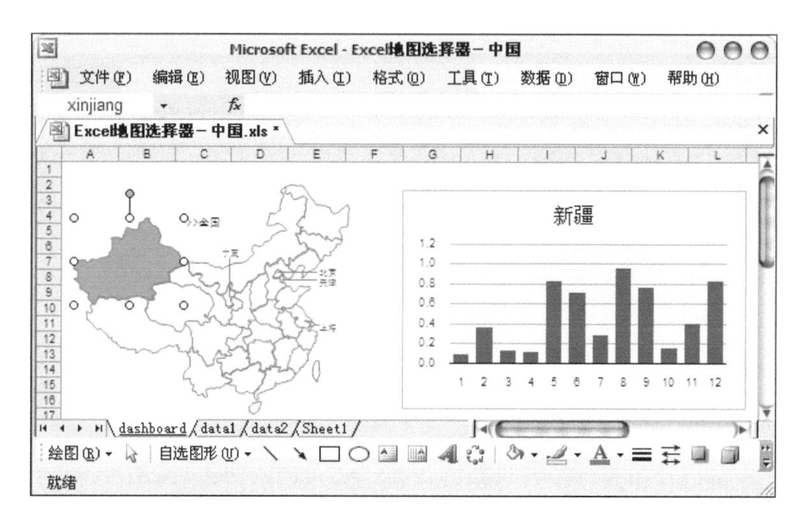

图4–29 基于地图选择的动态图表模型

1. 准备地图图形

还是利用第 4.4 节热力地图做法中的地图图形，并且采用相同的命名方法。将地图图形放置在名为 dashboard 的工作表中。

2. 编写公共宏过程

单击菜单“工具→宏→ Visual Basic 编辑器”（或 Alt+F11 键），进入如图 4-30 界面。

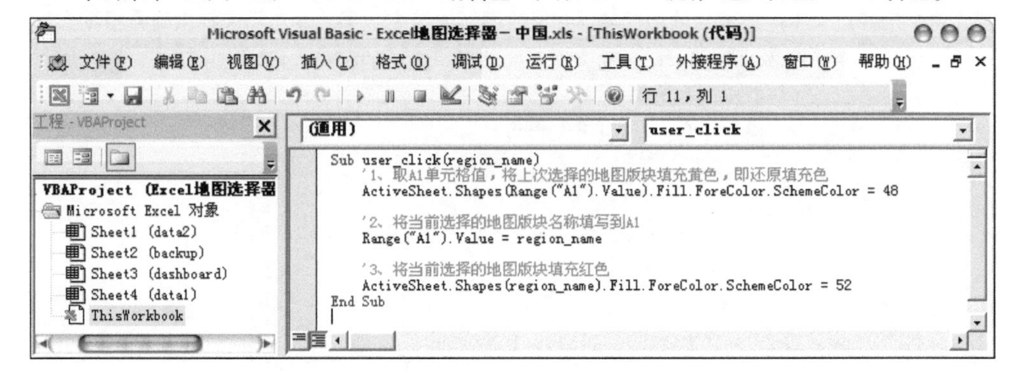

图4-30 用户选择后调用的公共宏过程

在左侧窗口中选择 ThisWorkbook，在右侧窗口中输入如下代码：

```
Sub user_click(region_name)
    '1. 取A1单元格值，将上次选择的地图版块填充黄色，即还原填充色
    ActiveSheet.Shapes(Range("A1").Value).Fill.ForeColor.SchemeColor = 48
    '2. 将当前选择的地图版块名称填写到A1
    Range("A1").Value = region_name
    '3. 将当前选择的地图版块填充红色
    ActiveSheet.Shapes(region_name).Fill.ForeColor.SchemeColor = 52
End Sub
```

图4-31 为自选图形指定宏引用

3. 为每个地区图形指定宏调用

以湖北省为例，选中湖北的图形，鼠标右键→指定宏，出现如图 4-31 所示的对话框。

在宏名输入框中输入如下代码：

```
'thisworkbook.user_click("hubei")'
```

按同样方法，为其他省的图形一一添加宏代码。熟悉 VBA 的读者可使用如下宏代码批量添加：

```
Sub auto_add_macro()
    '新建一个模型时手动运行，一次性添加宏
    For i = 1 To ActiveSheet.Shapes.Count
    '5表示对象类型是自选图形
    If ActiveSheet.Shapes(i).Type = 5 Then
    ActiveSheet.Shapes(i).OnAction = _
 "'thisworkbook.user_click(""" & ActiveSheet.Shapes(i).Name & """)'"
    End If
    Next
End Sub
```

4. 测试选择器

现在可以测试选择器了。测试之前，先手动为单元格 A1 初始化一个值，如“hubei”。然后，用鼠标逐一点击各省的图形，你会发现选择的结果会以拼音名反映在单元格 A1 中，图形的颜色也会跟随变化。至此，一个地图形式的选择器已经制作完成。

5. 准备动态图表数据源

假设各省的数据存放在工作表 data1 中，其中 A 列为省名的拼音名，B 列为省名，C~N 列为各省 1~12 月的指标数据，如图 4-32 所示。

C2 =VLOOKUP($A$2,$A$5:$N$36,COLUMN(C5),0)

Excel地图选择器－中国.xls

	A	B	C	D	E	F	G	H
1								
2	hubei	湖北	0.218911	0.155422	0.25128	0.918151	0.873336	0.79
3								
4			1月	2月	3月	4月	5月	6月
5	anhui	安徽	0.4079	0.3045	0.1171	0.8490	0.0035	0.8
6	beijing	北京	0.5949	0.0240	0.8128	0.9031	0.8155	0.9
7	chongqing	重庆	0.8697	0.7612	0.3506	0.8080	0.7317	0.2
8	fujian	福建	0.8186	0.5930	0.1175	0.2764	0.1298	0.0

dashboard / data1 / data2 / Sheet1

图4-32 动态图表的数据组织

单元格 A2 引用工作表 dashboard 中 A1 的值，即当前选中的省名。单元格 B2:N2 均为公式引用，使用 Vlookup 函数从数据表格中查找返回当前选中省的对应数据。以单元格 C2 为例，其公式为：=VLOOKUP($A$2,$A$5:$N$36,COLUMN(C5),0)。

6. 制作图表

在工作表 data1 中以 B2:N2 为数据源制作图表，格式化至你喜欢的样式，然后将其复制粘贴到工作表 dashboard 中，放置在地图图形的右侧。

现在，用鼠标在地图上选择不同的省份，你会发现图表将自动跟随变化。至此，一个动态图表已经完成。

7. 制作仪表盘

你可以继续使用第 5~6 步的方法，在其他工作表中准备数据，制作更多的图表，并都放置到工作表 dashboard 中，与地图一起排列好，就完成了一个动态分析仪表盘，例如图 4–33 就是一个湖北省地图的动态仪表盘例子。仪表盘是支持领导决策分析的高级数据呈现形式，下次把这个东西演示给你的老板看，一定会让他大吃一惊的。

这个方法用到了 Excel 的名称、宏过程、动态图表等技术，难度并不大，关键在于模型的构建思路。如果你暂时看不懂也没关系，可在范例包中找到这个模型的 .xls 源文件，直接填入你的数据就可以使用了。

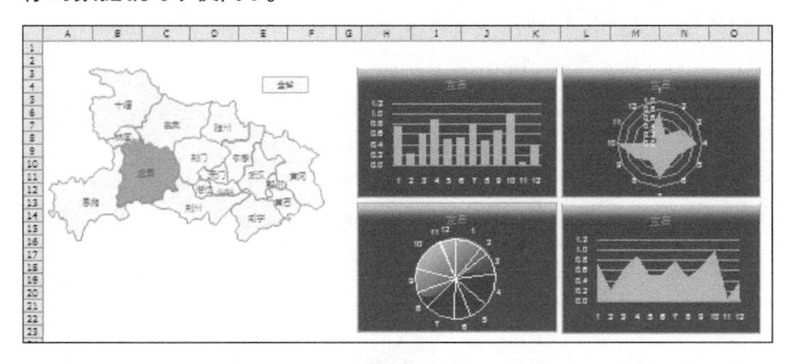

图4–33 一个湖北地图选择的动态仪表盘例子

4.8 Bullet图表

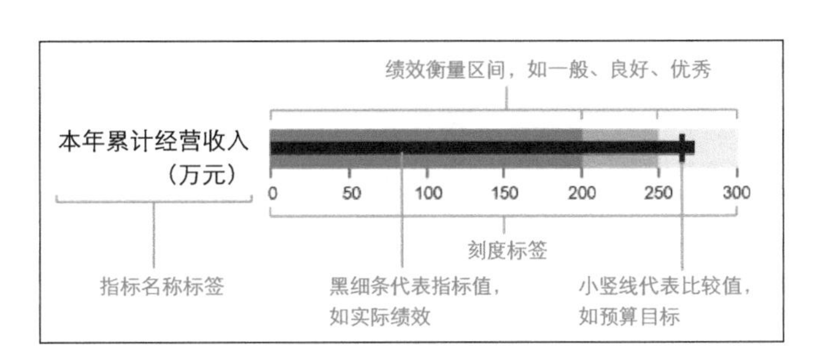

图4-34 Bullet图的设计规格和阅读方法

Bullet 图[1]是国外数据可视化专家 Stephen Few 发明的一种图表类型，常用于 KPI 指标实绩与预算目标的比较。Bullet 图的初衷是用来取代仪表盘图表，它可以反映 KPI 特别是多个 KPI 的完成情况，而不需占用大的空间，适合于一页式 Dashboard 报告的设计。

Bullet 图的阅读方法如图 4-34 所示，黑色细条表示指标实绩，小竖线表示预算目标，不同深浅的灰色区域表示不同的绩效衡量区间。

借助类似 Microchart 等工具，可以方便地在 Excel 中加入 Bullet 图。但如果你对外发出 .xls 文档，则可能需要对方电脑也装有相应软件或字体文件才能阅读。所以，用 Excel 直接做出 Bullet 图仍是个比较好的办法。

Bullet 图有水平的，也有垂直的。垂直的使用堆积柱形图和曲线图可以较容易完成，水平的则比较困难。本节介绍两种实现方法，都非常巧妙。

方法1 旋转法 范例

首先准备数据如图 4-35 所示。假设企业有以下绩效衡量标准：70%以下为一般，70% ~ 85%为良好，85% ~100%为优秀。

1. 用B~G列数据做堆积柱形图。
2. 将“实际”系列切换到次坐标轴，设置其分类间距约300，使其柱子缩窄。
3. 将“目标”系列切换到次坐标轴，图表类型修改为曲线图。

	A	B	C	D	E	F	G
2							
3			实际	目标	一般	良好	优秀
4		KPI 1	110%	90%	70%	15%	15%
5		KPI 2	94%	90%	70%	15%	15%
6		KPI 3	97%	90%	70%	15%	15%
7		KPI 4	78%	90%	70%	15%	15%
8		KPI 5	68%	90%	70%	15%	15%

图4-35 为Bullet图准备数据

1 本节起介绍的一些国外新型图表，如BulletGraph、Sparklines、TreeMap、Motion等，因国内尚无权威译名，本书均直接使用原英文名，作者名亦使用英文原名。

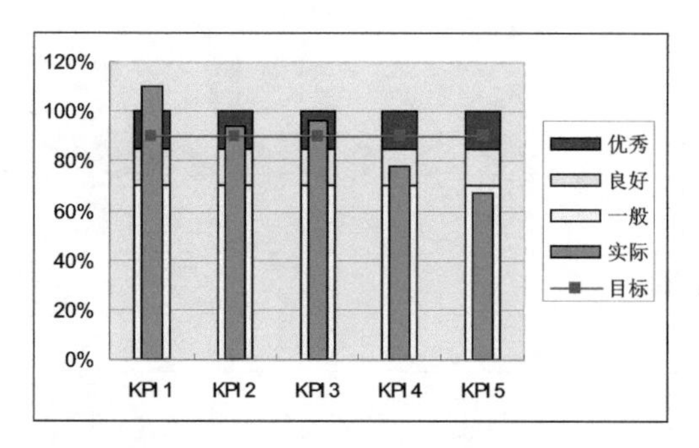

图4-36 Bullet图的雏形

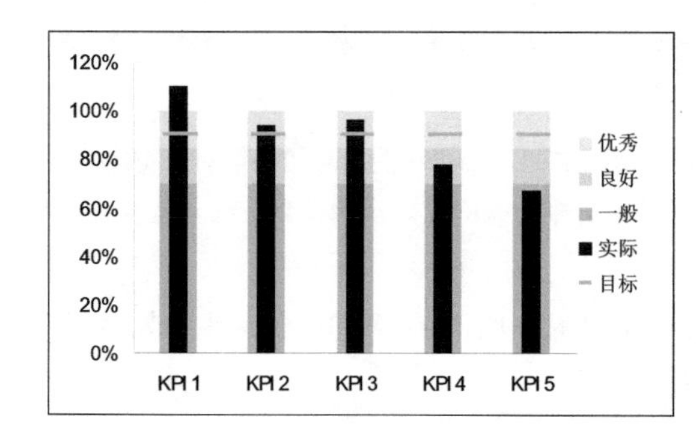

图4-37 一个垂直的Bullet图表

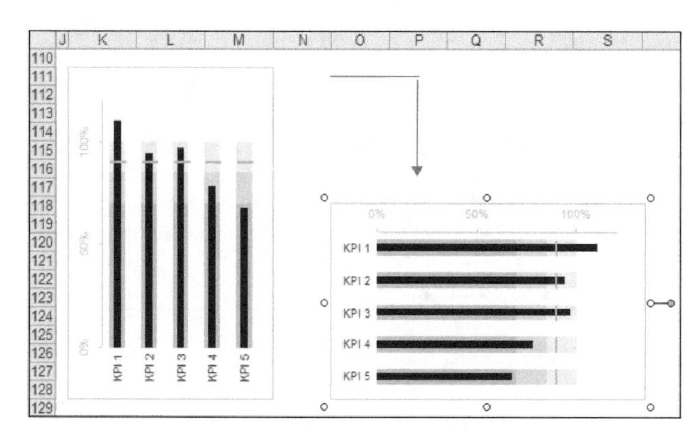

图4-38 将垂直的Bullet图表拍照、旋转为水平的Bullet图表

4. 删除次坐标Y轴，此时“实际”和“目标”系列均自动适用主坐标Y轴的刻度。此时图表已出现Bullet图表的雏形，如图4-36。

5. 设置“目标”系列的曲线无线形，数据标记为小横线。对各数据系列进行相应格式化，使图表达到Bullet图的一般样式，如图4-37。

至此，我们已经完成了一个垂直的Bullet图。在很多情况下，垂直的Bullet图也是比较实绩和预算的好方法。

但如果我们按以上方法制作堆积条形图和曲线图，并无法做出一个水平的Bullet图。下面，我们运用拍照+旋转的技巧，将垂直的Bullet图转化为水平的Bullet图。

6. 设置X、Y坐标轴标签文字的方向为90度。待会我们要把它右旋90度再转回来。

7. 将图表格式化至一合适的单元格区域内，例图中为K111:M128，将该单元格区域拍照。

8. 将拍照的图片向右旋转90度，这时就得到了一个水平的Bullet图，如图4-38所示。由于拍照图片的联动性，所以这个图表也可以随数据源而变化。

方法2 误差线法范例

还是类似的数据准备，不过增加了 I 列的辅助数据，见图 4-39。I 列使用带小数 0.5 是为了让散点图与条形图位置对应。

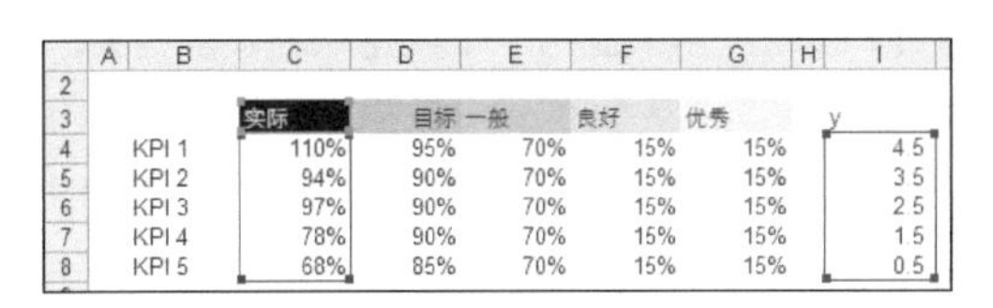

	A	B	C	D	E	F	G	H	I
2									
3			实际	目标	一般	良好	优秀		y
4		KPI 1	110%	95%	70%	15%	15%		4.5
5		KPI 2	94%	90%	70%	15%	15%		3.5
6		KPI 3	97%	90%	70%	15%	15%		2.5
7		KPI 4	78%	90%	70%	15%	15%		1.5
8		KPI 5	68%	85%	70%	15%	15%		0.5

图4-39 为Bullet图准备的数据，包括一个散点图的y值系列

1. 用B~G列做堆积条形图，反转分类次序。
2. 将“实际”系列的图表类型设置为散点图，指定其数据源x值为C列，y值为I列。对“目标”系列也作相应的处理。这一步与滑珠图做法非常类似，可参考。
3. 做一些格式化后，此时图表应该呈现图 4-40的样式，你是否可以看出一些Bullet图的端倪呢?

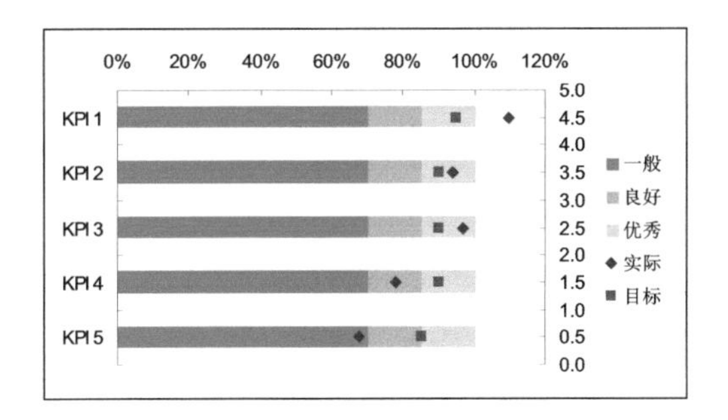

图4-40 水平Bullet图的雏形

4. 选中“实际”系列，在“数据系列格式→误差线X→负偏差→误差量→自定义”，在“－”号后的输入框中，用鼠标指定为C列，出现一条误差线X，正好是到分类轴，如图4-41所示。设置误差线为最粗线型，数据标记为小方形。

这一做法堪称神来之笔，如何理解这个技巧呢？误差线用来显示一个数据点的误差范围，误差线 X 是左右方向的，误差线 Y 是上下方向的。从“实际”系列的每个数据点出发，如果向左偏移其数值大小的误差量，正好就到了分类轴。我们利用这个误差线模拟了“实际”系列的条形图。

5. 绘制一条小竖线，贴入到“目标”系列的数据点，表示预算目标。此时图表应如图4-41所示，一个水平的Bullet图已经完成。

6. 若是在Excel 2007中，误差线的粗细可以指定磅数。我们设置为6磅，这条误差线就变得很粗，恰似一个条形图，见图4-42，完美实现了Bullet图的风格。

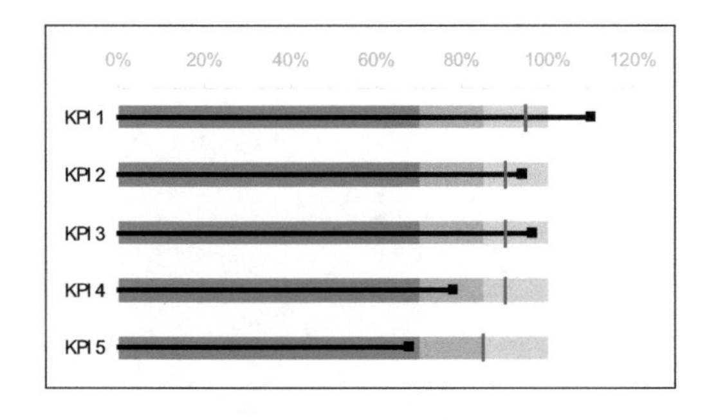

图4-41 利用误差线制作的水平Bullet图

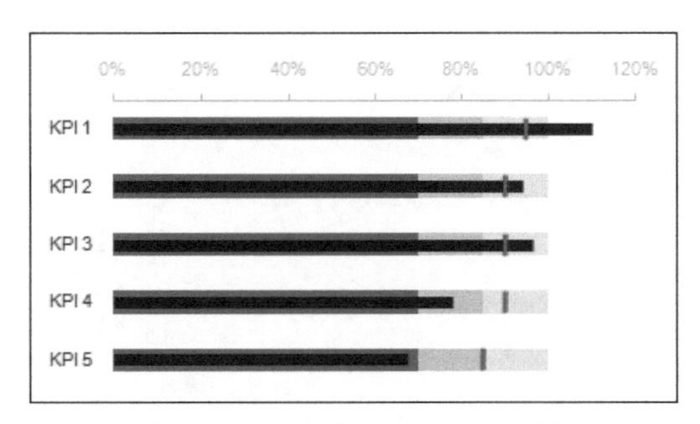

图4-42 “实际”系列的条形图其实是该系列的误差线

4.9 Sparklines图表

Sparklines 图表由爱德华•塔夫特发明，他给出的定义为：Sparklines 是数据丰富、设计简洁、只有文字般大小的图表。Sparklines 图表用来内置在表格之中，只占用微小的空间，却可以反映丰富的信息。下面是个 Sparklines 图表的例子，可以看到其实就是一个微型的曲线图，可以称之为微线图。

MSFT 70-week: 26.45 28.35 [18.95|31.63]

最先定义的 Sparklines 只有曲线图，后来又扩展到其他图表类型，如柱形图、饼图、Bullet 图、盈亏图等。

这些微型图表都被绘制在一个单元格内，成为数据表格的一部分，带来一种全新的数据可视化风格。一个综合运用 Sparklines 的数据报告典型地呈现图 4-43 的样式风格，信息量非常丰富。

	Actuals		September 2003		Year to September 2003		
	Key Figures	13 Months	Value	% Target	Value	% Prev Year	% Target
Accessories	Order Quantity		4.771	91,1	868	549,7	56,3
	K$ Gross Profit		51,8	122,8	4,6	1129,5	62,2
	K$ Product Cost		55,1	92,7	10,7	513,0	61,0
	K$ Sales Amount		106,9	92,1	15,3	697,4	56,4
Bikes	Order Quantity		4.344	139,4	2.787	155,9	98,9
	K$ Gross Profit		22,9	110,3	190,3	12,1	65,2
	K$ Product Cost		3.816,9	128,5	2.316,6	164,8	92,8
	K$ Sales Amount		3.839,9	99,3	2.506,9	153,2	77,6
Clothing	Order Quantity		5.179	106,7	2.819	183,7	81,7
	K$ Gross Profit		15,6	95,5	19,5	80,2	76,9
	K$ Product Cost		130,8	101,6	66,6	196,3	424,3
	K$ Sales Amount		146,4	101,5	86,1	170,0	78,8

Bad Fair Good Actual Project Target 0% 100% 200% 0% 100% 200%

图4-43 Sparklines风格的数据报告

要在 Excel 中绘制 Sparklines 图表，目前有两种思路的插件。一类是 BonaVista 公司的 MicroCharts，其思路是使用特殊的字体文件来显示图表，它需要阅读者电脑上也安装相应的软件，至少是装有相应的字体。见图 4-44。

A1 =SparkLine(A4:H4)

	E	F	G	H	I	J
3						
4 531	62.7798	44.5676	23.6531	72.2243	=SparkLine(A4:H4)	
5 543	43.5743	15.429	93.7543	82.8422		
6 972	57.736	6.27609	98.5972	43.1755		
7						

Sheet1 Sheet2 Sheet3

图4-44 使用插件绘制Sparklines图表

另一类是 Sparklines for Excel，这是一个开源免费的插件，其思路是根据源数据在指定单元格内用自选图形来绘制图表，因此并不需要阅读者电脑上安装相应的软件，推荐使用。读者可以在以下地址下载这个插件：

http://sourceforge.net/projects/sparklinesforxl。

Excel 2010 版本中提供了 3 款简单的 Sparklines 图表，这样我们不必借助第三方软件就可以绘制 Sparklines 图表了。

4.10 TreeMap图表

TreeMap 译为板块图似乎比较合适，它由一系列具有不同大小和颜色的矩形框组成，可以反映一个具有树形层次结构关系的多维数据集信息，见图 4-45 的例子。一般而言，矩形的面积大小代表一个绝对变量，矩形的颜色深浅代表另外一个相对变量（或分类变量），矩形按层次关系进行组合和排序。

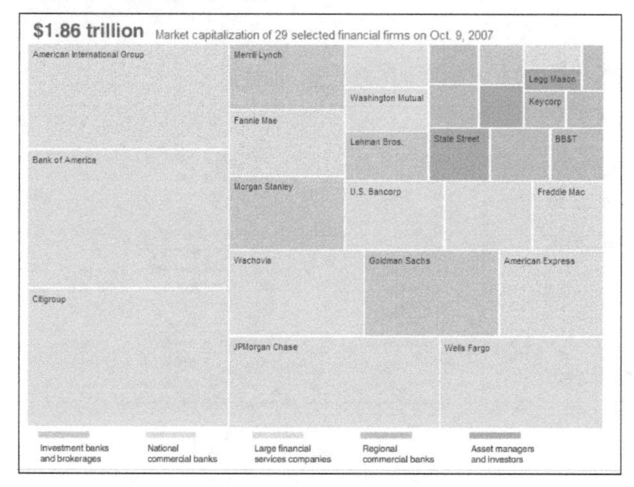

图4-45 一个TreeMap图表例子，矩形的面积代表一个度量，矩形颜色代表另外一个度量或分类
例图来源：《纽约时报》网站。

TreeMap 图并不强调对数据的精确比较，而是让用户以一种全局视野的眼光，从绝对量、相对量、数据层次中发现特殊的信息，因为我们的眼睛会自然注意到最大的矩形和最深的颜色，相反也是一样。另外，TreeMap 图能充分利用有限的空间。TreeMap 图的常见运用场合有：反映股市各板块的市值大小和涨跌幅情况，反映各类经营收入的金额和同比增长情况，反映各分公司销售收入额和预算完成情况，等等。

要制作一个 TreeMap 图表，Excel 用户可以搜索下载并安装一个由微软开发的插件 Microsoft Treemapper。

1. 首先按要求格式组织好数据。譬如图 4-46中，要反映经营收入的分类构成和同比增长情况，将数据组织为“收入额、增长率、收入大类、收入细类”4列。
2. 然后运行该插件，在对话框中按提示指定数据源，即可生成一个TreeMap图表，见图4-47。

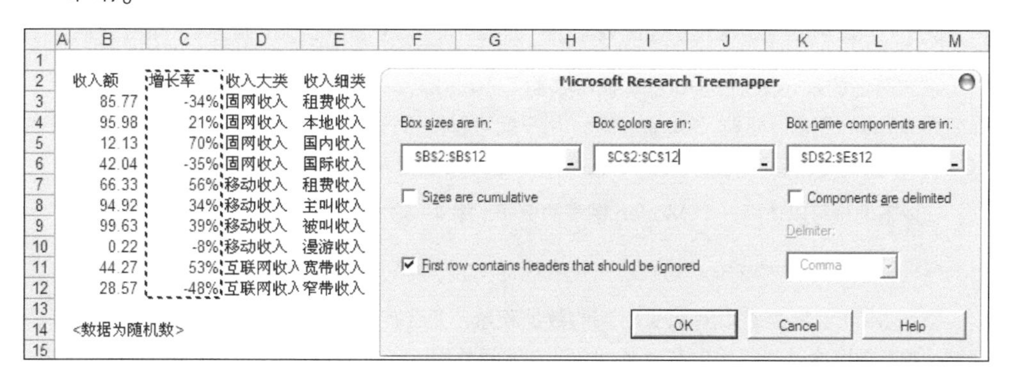

图4-46 Microsoft Treemapper插件

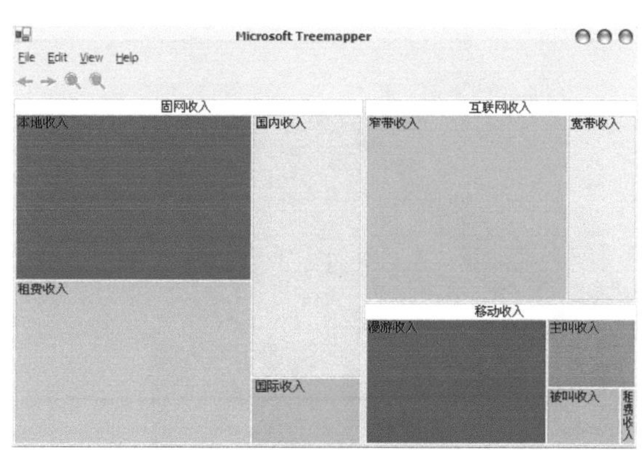

图4-47 生成的TreeMap图表（数据为随机数）

TreeMap 与 HeatMap 有相似之处，它们都使用颜色深浅来反映一个变量的大小。不同之处在于，HeatMap 用图形反映地理位置，而TreeMap用图形反映数量大小。还有一种很有趣的做法，综合了 HeatMap 和 TreeMap 的特征，既用矩形大小反映数量，又将矩形按地理位置排列。

4.11 Motion图表

在 2006 年的一次 TED 会议上，Hans Rosling 教授用他开发的 Trendalyzer 演示了一种全新的趋势分析技术，用随时间变化的气泡图来动态地反映数据的变化，图 4–48 为 Hans Rosling 教授在演示中。新颖的图表形式和他全情投入的演示，令人印象深刻，成为数据可视化领域的经典案例。可以在以下地址收看这次演示录像：

http://www.ted.com/talks/hans_rosling_shows_the_best_stats_you_ve_ever_seen.html。

这次著名的演示之后，Google 公司收购了 Trendalyzer 并加入到 Google spreadsheet，命名为 Motion 图表，这样 Google Docs 用户就可以使用这个激动人心的技术了，特别是现在 3G 时代，我们可以随时连上 Google 在线演示这种动态图表。

在以下地址可以访问一个 Motion 图表的例子（图 4–49 为图例），由 Jorge Camoes 建立：

http://spreadsheets.google.com/pub?key=pefjvshKHZ12bWp_VWpJjdQ。

使用 Motion 图表需要有较长时期的数据积累，并且有明显的变化趋势，效果才比较好。遗憾的是目前国内一般很难以获得长期的、有效的数据，所以使用这种图表的机会也不是太多。

图4–48 Hans Rosling教授在使用Trendalyzer演示

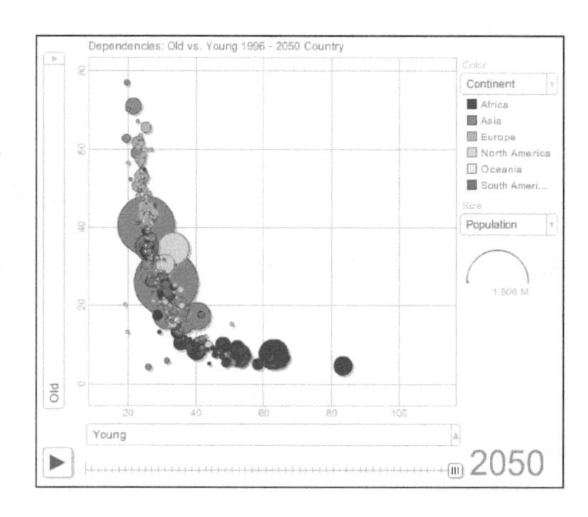

图4–49 Google spreadsheet提供的Motion图表，实质上是随时间变化的动态气泡图

第 5 章

选择恰当的图表类型

用图表来表现数据、传递信息，很重要的一个环节是如何根据应用场景，选择合适、有效的图表类型。如果图表类型不合适，图表再漂亮也是无效的。本章将介绍数据统计图表的基本类型和选用原则，以及如何避免常见的图表类型选择误区。

5.1 一份图表的产生过程

很多人经常问："看看我这个数据怎么作图好看？"我们说这个说法的出发点和目的都是有问题的。因为不是仅有数据就可以决定图表选择，图表的目的也不仅仅是为了好看。

平时我们制作一个图表，由于熟练和习惯的原因，可能很快就完成了，并不会有太多的思考。但事实上，一个完整的从数据到图表的过程应该包括以下步骤。

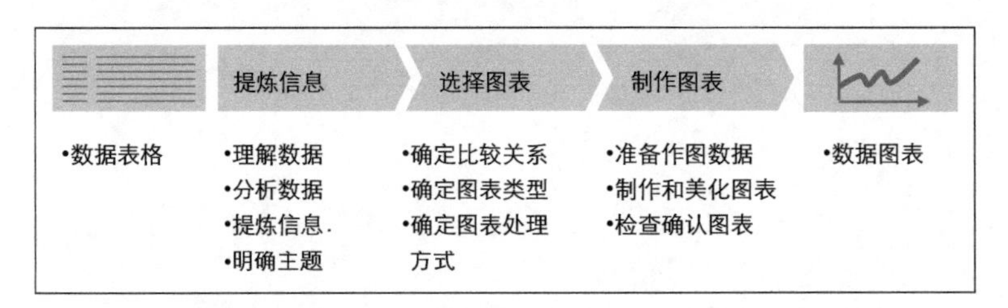

首先，我们要对数据进行分析，得出自己的结论，明确需要表达的信息和主题。然后根据这个信息的数据关系，决定选择何种图表类型，以及要对图表做何种特别处理。最后才是动手制作图表，并对图表进行美化、检查，直至确认完成。

由此可见，决定使用何种图表类型的，并不仅仅是你的数据本身，更重要的是你所要表达的主题和观点。这其实就是我们常说的具体问题具体分析原则。

所谓“横看成岭侧成峰，远近高低各不同”，同样的一份数据，因为不同的立场和价值判断，不同的人所发现的信息、得出的观点很可能不一样，那么所选用的图表类型也可能不一样。即使选用的图表类型一样，也可能因为要强调的地方不一样而采用不同的处理方式。这取决于几个因素：

- 你从数据中分析提炼出的信息；
- 这种信息所属的数据关系种类；
- 你想通过图表表达的观点；
- 你想要强调的重点。

当然，数据本身对图表的选择也会有影响，但这种影响是相当有限的。比如当数据存在差异悬殊、重叠覆盖等情况，可能会导致原本合适的图表类型变得凌乱、不易阅读等问题，这时可以考虑替代的图表类型或处理方式。

5.2 图表的基本类型及其选择

Excel 2003 中提供了 11 类共 73 种图表类型，Excel 2007、Excel 2010 完全继承这些图表类型，未做任何增减。在我看来这里面至少 75%以上都属于无效垃圾图表，不适宜在商务场合使用。譬如各种 3D 形式的图表类型就是首先需要排除的，所谓的自定义图表类型也是惨不忍睹，根本无须考虑。

尽管我们见到的数据图表种类繁多，但其基本类型只有以下几种：

- **曲线图**　用来反映随时间变化的趋势；
- **柱形图**　用来反映分类项目之间的比较，也可以用来反映时间趋势；
- **条形图**　用来反映分类项目之间的比较；
- **饼图**　用来反映构成，即部分占总体的比例；
- **散点图**　用来反映相关性或分布关系；
- **地图**　用来反映区域之间的分类比较。

我们所见到的林林总总、各式各样的图表，有的就是基本类型，有的是由这些基本类型变化或组合而来的。譬如麦肯锡的瀑布图是由柱形图变化而来，质量管理中的柏拉图是由柱形图和曲线图组合而成的，等等。

商务工作中需要用图表反映数据的场景五花八门，但按数据关系 / 模式分类无非以下几种情况，每种数据关系都有其对应的合适的图表类型，如表 5-1 所示。

表5-1 数据关系及其适用的图表类型

数据关系	应用场景举例	适用的图表类型
分类比较	各分公司的销售额比较 排名：最畅销产品类型TOP10	
时间序列	1年中12个月的销售额变化趋势	
总体构成	市场份额 经营收入结构	
频次分布	按消费层次观察客户数的分布	
关联关系	员工的工资与学历之间是否存在关系	

也存在以上数据关系的综合比较情况，那么对应的图表类型也将是基本类型的综合运用。如比较多个时间点上构成的比较，多个时间序列趋势的对比。

国外专家 Andrew Abela 曾整理了一份图表类型选择指南图示，他将图表展示的关系分为 4 类：

- 比较
- 分布
- 构成
- 联系

然后根据这个分类和数据的状况给出了对应的图表类型建议。

确定你想展示数据的关系类型后，只要按图索骥，就可以找到相应的图表类型建议。这是一个很不错的总结，经作者同意，这里将其翻译为中文，供大家参考，见图 5-1。不过，我认为图中雷达图应放在基于分类的比较而不是基于时间的比较中。

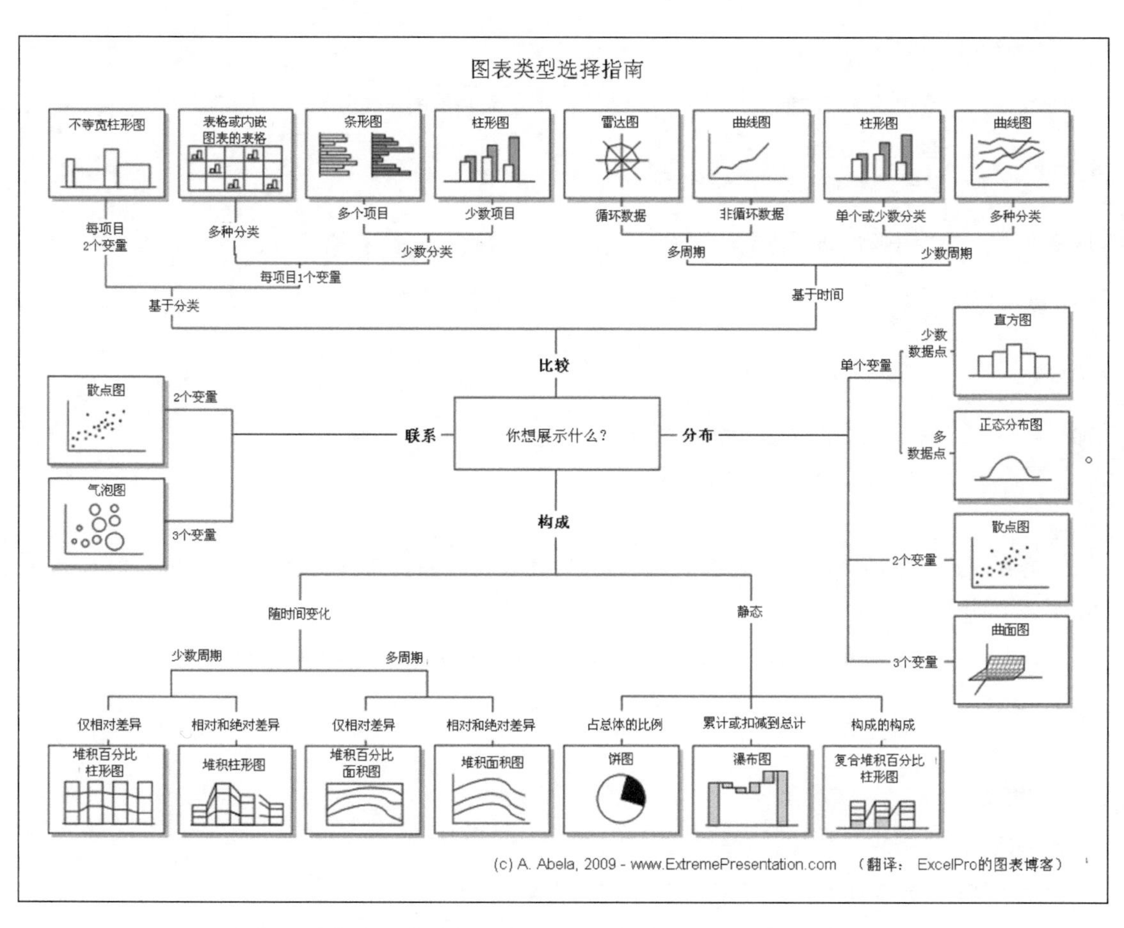

图5-1 Andrew Abela整理的图表类型选择指南，列出了4类数据关系下适用的常见图表类型

在图表插件 Chart Tamer 中，对图表类型的运用进行了更加严格的限制，仅保留了柱形图、条形图、曲线图等极少数最基本的图表类型，同时增加了 3 个特有的图表类型。Chart Tamer 将数据关系分为 6 种：

- 值的比较
- 时间序列
- 构成或排序
- 关系
- 分布（单重）
- 分布（多重）

当你选择了某个特定的数据关系后，将只有特定的、合适的图表类型可被选择，其他的则被禁止选择，如图 5-2 所示。这样做的目的是为了确保引导用户选择到最合适的图表类型。这个做法是专家智慧的结晶，我们在选择图表类型时也可以参考。

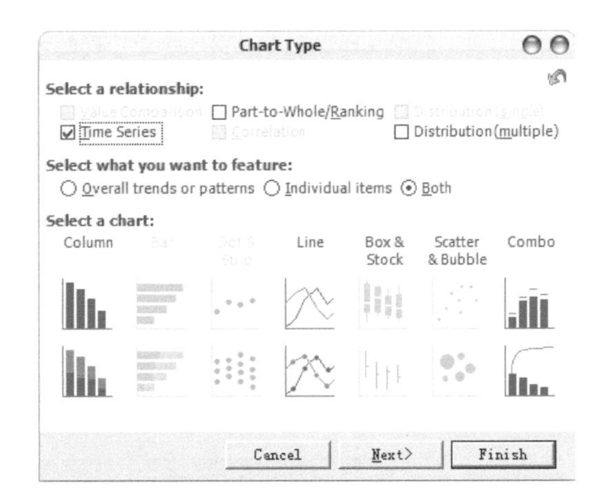

图5-2 Chart Tamer仅提供了数量极少的基本图表类型，确保选择恰当有效

5.3 图表类型选择辨析

有些图表类型可以反映多种数据关系，有些数据关系也可以用多种图表类型反映，这时的图表选择应如何分辨其中细微的区别呢？以下问题比较常见。

1. 柱形图和条形图都可以表示分类项目的比较，如何在二者之间进行选择？

我们看到某些商业杂志偏爱条形图，某些商业杂志又偏爱柱形图，你可以根据自己的喜好选择。

- 当分类项目的标签文本比较长的时候，柱形图的标签会出现重叠或者倾斜，需要阅读者歪着脖子看。这时使用条形图则可以很好地解决这个问题；
- 由于汉字可以竖排，于是有人将柱形图的分类标签由斜排改为竖排来解决这个问题。这是一种可行的做法，但其占用的空间仍然太大，也会影响阅读者目光的移动方向；
- 我们的眼睛似乎更容易比较水平条形的长度。

2. 柱形图和曲线图都可以表示时间序列的趋势，如何在二者之间进行选择？

一般来说，我们建议使用曲线图反映趋势。二者细微的差异如下：

- 柱形图更强调各数据点的值及其之间的差异，曲线图更强调起伏变化的趋势印象，而带数据点的曲线图则同时具备二者的特点；
- 柱形图更适于表现离散型的时间序列，曲线图更适合于表现连续型的时间序列。当数据点较少时可以使用柱形图，数据点较多时建议使用曲线图；
- 需要放大波动幅度而使用非零起点坐标时，建议使用曲线图。柱形图使用非零起点坐标存在夸大差异的嫌疑，曲线图则不会存在这种问题，因为曲线图强调的是起伏变化的趋势感，也就是曲线图的斜率。当然，不管使用何种类型，只要使用了非零起点坐标，都建议标上截断标记。

3. 面积图和曲线图都可以表示时间序列的趋势，如何在二者之间进行选择？

当只有一个数据系列的时候，二者完全等价，都可以使用。一般来说曲线图应用得更多，但我们看到《商业周刊》比较偏爱面积图。

- 当在大型会议室演示时，坐在后排的人很可能无法看清曲线图的线条，而面积图则更易让人看清楚；
- 当比较多个数据系列的趋势时，建议使用曲线图。因为使用多系列面积图时，可能出现数据系列之间相互遮挡的情况，更大的问题是我们往往很难判断这种面积图是堆积的还是普通的。并且，堆积面积图除靠近 *X* 轴的那个系列较易看出趋势外，其他的系列因没有一个固定的底座而难以观察出变化趋势。

4. 关于饼图的争议：我应该避免使用饼图吗？

很多专家会告诉你应避免使用饼图，建议使用条形图来替代饼图，因为条形图更易于比较数据点的差异。从精确比较的角度而言确实如此，很多情况下饼图也确实可以用条形图来代替。

但每个图表都有它的长处，饼图会给我们一种整体和构成的印象，看到饼图就会想起100%，而这是条形图所没有的。所以你仍需要根据自己的目标选择合适的图表类型。

5. 连线的散点图与曲线图有何区别？

带连线的散点图也可以用来替代制作一个表现趋势的曲线图。多在需要 *X* 轴不等距间隔效果时使用，如不同存款期限的利息水平。此时的散点图类似于时间刻度 *X* 轴的曲线图。

时间刻度的曲线图其实仅支持按天的时间，对于按小时计的并不能反映。使用散点图则无此限制。

下面我们以两个典型的应用场景为例讨论图表类型的选择。

5.4 实绩与预算比较的图表选择

将实绩与预算进行比较，分析预算完成情况，这是实际工作中最常见的应用场景。它属于值的比较类型，包括横向的分类比较和纵向的趋势比较。

1. 横向比较

比较各分公司某项预算的完成率，可以使用这种类似温度计式的柱形图或条形图。温度计让人清晰看出实绩与预算的差距。

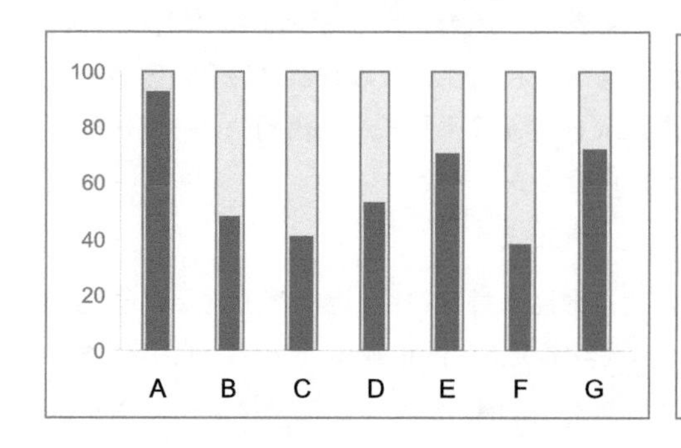

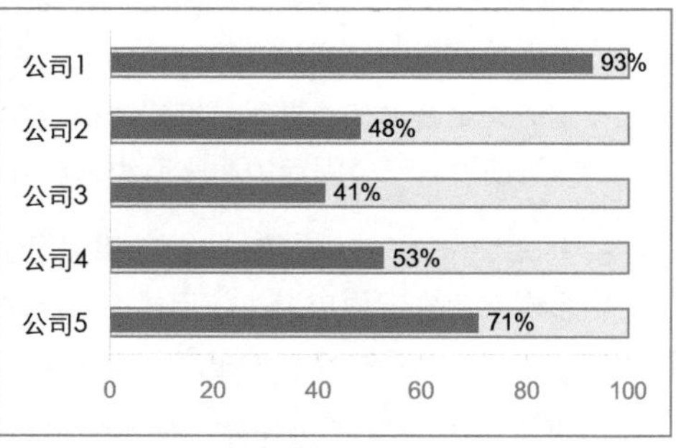

喜好豪华风格的朋友可以把图表做成水晶易表风格的温度计，更加形象逼真。

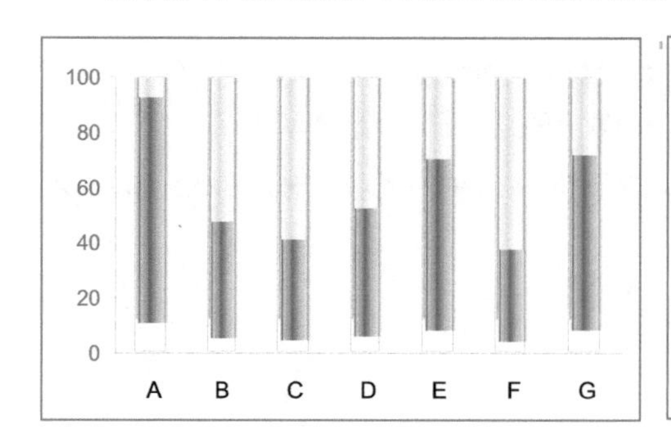

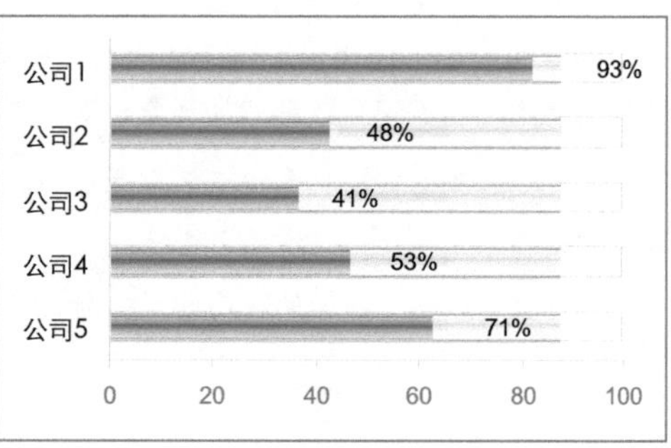

若各分公司间的预算目标或预算进度并不一致，图表将是如下形式。

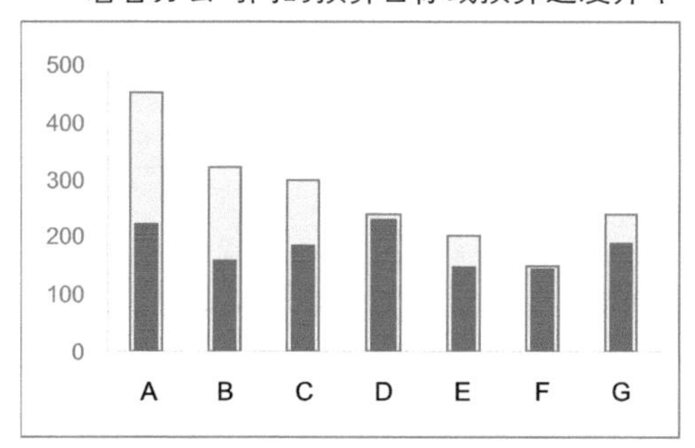

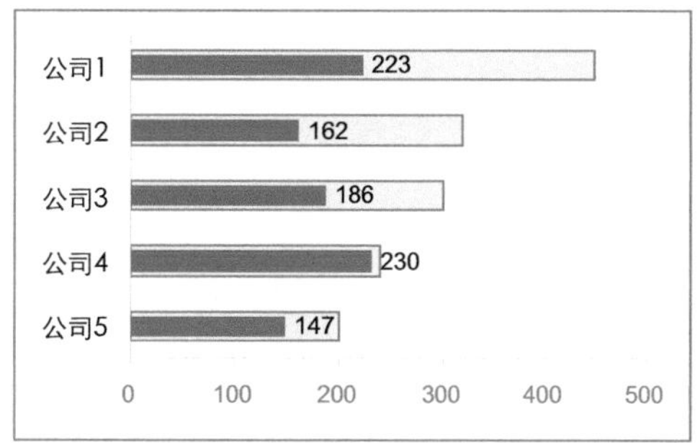

到了下半年，实绩会逐渐超过预算，红色柱形将超出灰色柱形，这时需要将红色柱形调窄一点，以便能清晰分辨。这时候就有些像 Bullet 图表的风格了。

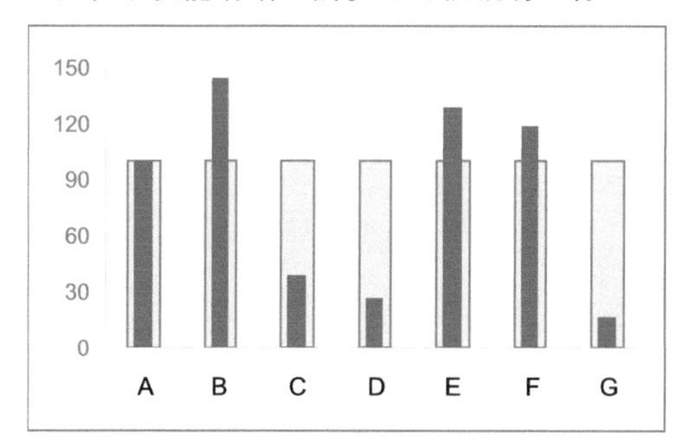

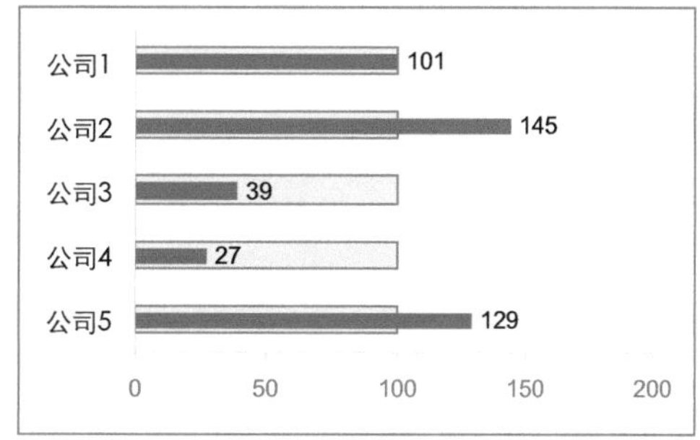

不过，最好还是将目标系列的图形调整为不连续的小横线，二者的比较会更加清晰。需要注意的是，横向比较中不宜将目标系列（以及完成率系列）做成连续的折线图，因为它们的关系是分类对比而不是时间趋势。

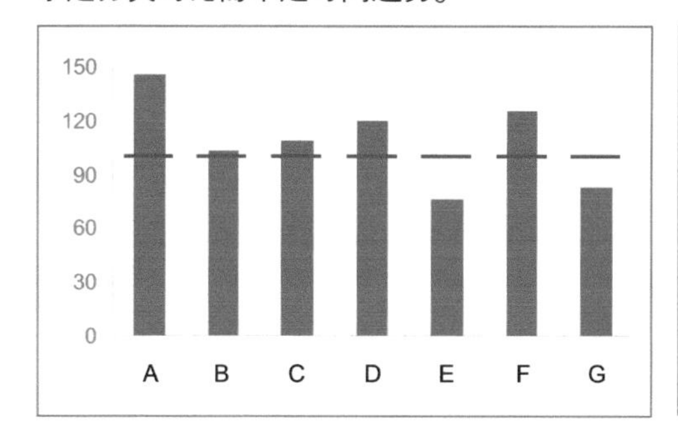

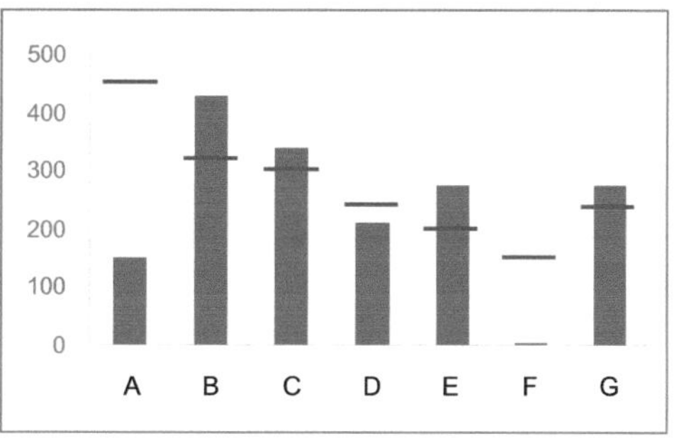

2. 纵向比较

在时间上的纵向比较，显然更强调变化趋势，可使用如下的曲线图或曲线图+面积图。

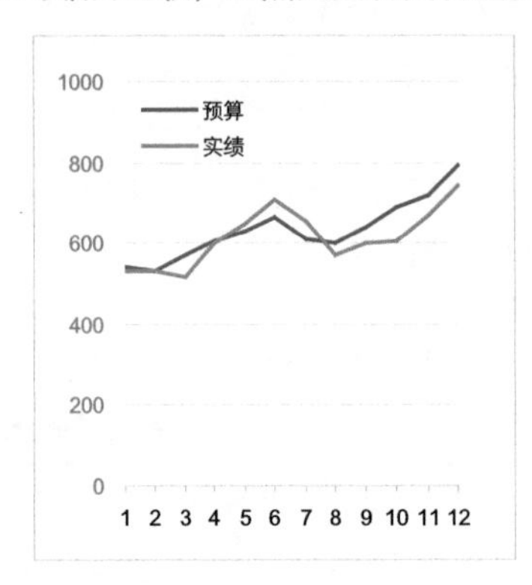

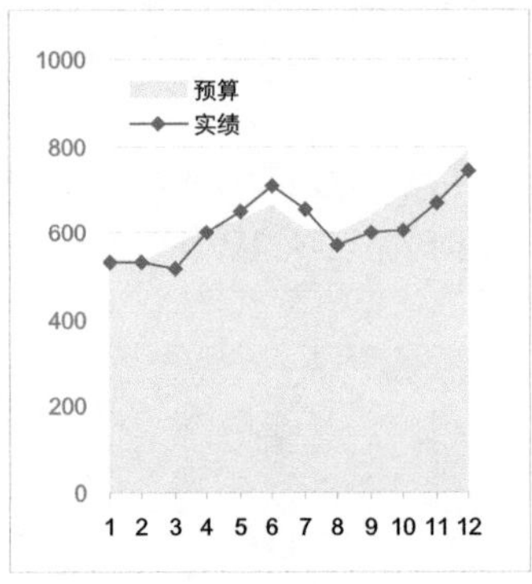

为突出实绩与预算之间的偏差，可以添加涨跌柱线，突出显示预算的超产或欠产。但涨跌柱线易干扰曲线图而显得凌乱，我们可以将实绩与预算的偏差做成柱形图，放在图表底部，这样既有变化趋势又有正负偏差提示。

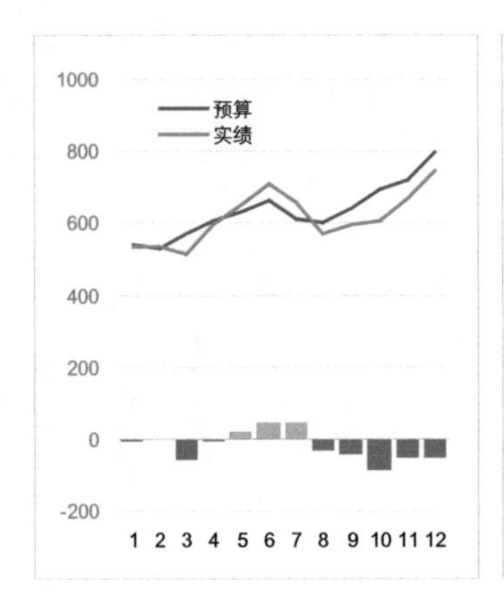

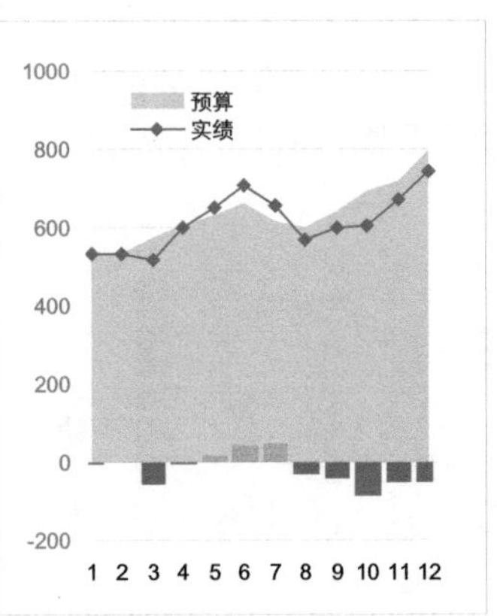

5.5 百分比数据比较的图表选择

经营分析中经常要做不同时点、不同分类的百分比数据比较，如今年和去年的市场份额，不同公司的产品构成、收入构成等。如何有效地反映这种百分比数据的比较呢？

1. 两个或多个饼图

很多人都知道表现份额和构成关系时一般要用饼图，那么很自然地想到，反映两个时点的比例数据就用两个饼图了，于是做成图 5-3 的形式。

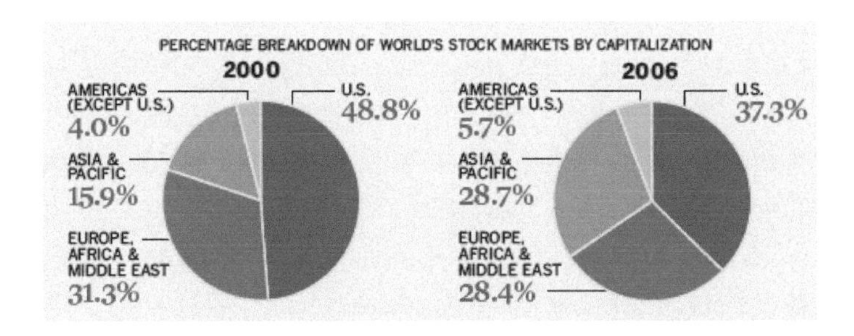

图5-3 读者很难准确判断两个饼图间各扇区的变化　例图来源：《商业周刊》网站。

这种做法非常普遍，但并不是很有效的图表形式。其缺点是我们不能直接、准确地看出各个分类项目的变化趋势及其幅度。阅读者需要在两个饼图之间反复进行比较，判断各项比例数据是增加了还是减少了，以及增减了多少。如果变化比较细微，则很难准确看出变化之处，最后还是要看数字才知道。因此，一般并不建议这样作图。

2. 百分比堆积柱形图

麦肯锡和罗兰・贝格都喜欢用图 5-4 中的堆积百分比图，相对于两个饼图而言要好很多。但只有放在最底下和最上面的数据系列，我们可以比较准确地看出其是增加还是减少，其他的则还是因为缺乏共同的基准而难以直观看出。有时候，数据的取值还会使分类标签不是那么好安排位置。相比前一种方法，这是一种可行的选择。

3. Bumps Charts

我们不妨考虑图 5-5 所示的图表，老外称之为 Bumps Chart，其实是个曲线图而已，只不过只有两个时间点。Bumps Chart 可以很清晰地反映两个时点的数据变化趋势，因为我们的眼睛能很轻松地分清上升和下降的曲线。并且，在图表的左右两边，数据点从上到下正好是从大到小排序的，相互之间的差距也很容易看出，从左到右也反映了名次的变化。

一般来说，这种图要做得窄、高一些，以使曲线的斜率更大，读者更易看出其中的变化趋势。当分类较多时，可将部分线条使用淡色弱化以使其他部分线条得到强调。

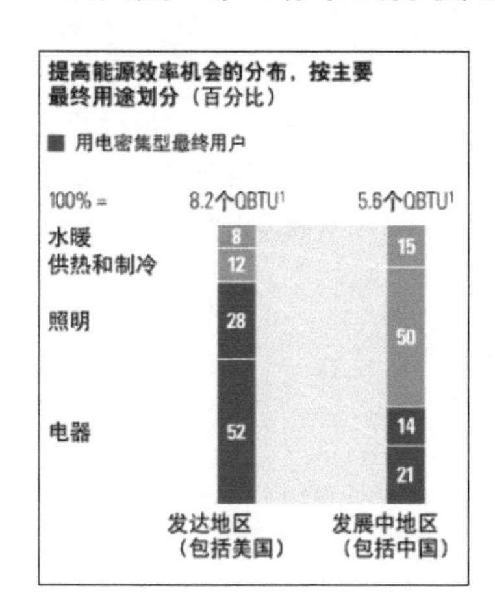

图5-4 用百分比堆积柱形图反映百分比数据的比较
例图来源：《麦肯锡》网站。

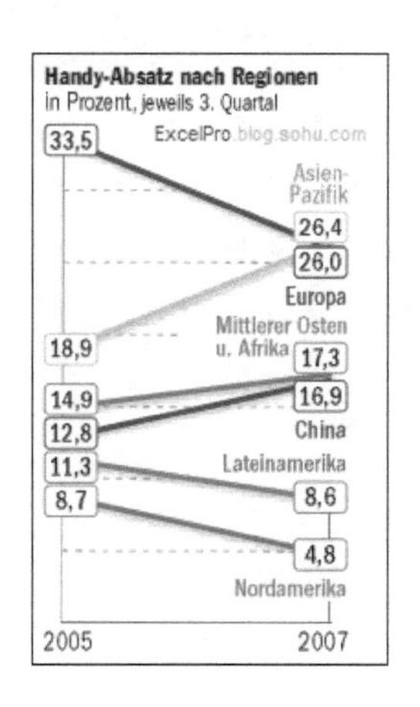

图5-5 Bumps Chart，便于发现变化趋势和幅度
例图来源：*Focus*杂志。

5.6 图表类型选择的误区

一般来说，只要我们了解数据关系与基本图表类型之间的对应关系，正确选择图表类型，做出的图表就应该可以符合规范。

但在实际工作中往往有另一种误区，有些人不是不会作图，而是太会作图了。他们喜欢运用所谓的技巧、自我欣赏式的创新，做出让人无法看懂的复杂图表，这就与图表的目的背道而驰，是需要了解和避免的。

频繁改变图表类型

比较常见的是在一份市场调查报告中，对消费者选择结果的图表表现，时而柱形图、时而条形图，时而平面的、时而 3D 的，时而棱台的、时而圆锥的，生怕遗漏了自己所知道的图表类型。

看到这样的报告，你不知道他是在做数据分析，还是在炫耀软件技巧。解决办法很简单，抑制自己的创作欲望，坚持一致性，在同样的应用场景使用同样的图表类型，譬如上面说的调查结果反映，一个排序的条形图类型就已经足够。

过于复杂的图表

图表应该是不需要解释的，或者说是自我解释的。所谓“一图抵千言”，是说一个好的图表可以省去1000句话，而不是需要1000句话来解释。

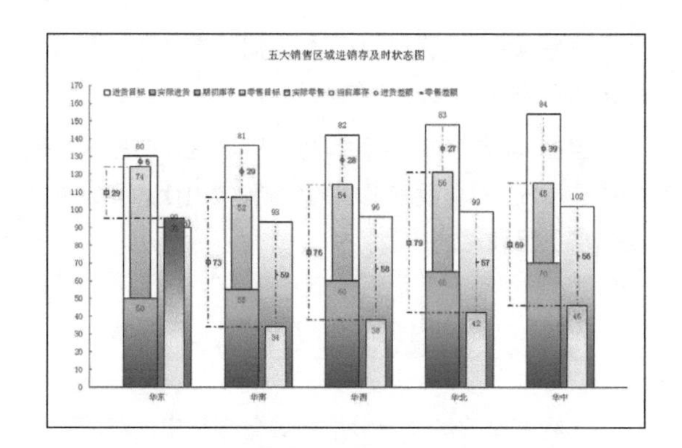

图5-6 如此复杂的图表是否比一张表格提供了更多的信息

但经常有人把图表做得异常复杂，你可能琢磨半天都看不懂他想说什么，如图5-6的图表。这种情况往往有两种原因：

一是将过多的数据放到了一个图表里，数据量很大，却没有主题，或主题不突出。解决办法是将数据进行分析、提炼，通过简化数据来简化图表。

二是不合适的创意，自己发明一些“高明、高级”的图表，自己看着感觉良好，别人看着一头雾水。虽然这是一个需要创意的时代，但在商业图表领域，还是审慎些为好。解决办法是抑制自己的创作欲望，遵从商业图表的一般规范。

误导和欺骗的图表

图表的目的在于更清晰地表现和传递数据中的信息，但在图表制作中经常会存在有意或无意误导读者的情况。尤其当制图者想隐瞒或者夸大事实的时候，如粉饰糟糕的业绩，放大微乎其微的增长等。我们需要了解和识别这些作弊手法，以免被误导。当然，我们自己最好也避免去运用这些手法。

1. 夸张的图表压缩比例

图 5-7 中，曲线 1 的变化显得十分平缓，业务发展似乎比较稳健；曲线 3 则剧烈波动，似乎经营出现了不稳定因素；曲线 2 介于二者中间。而实际上它们所反映的数据是完全一样的，只是因为图表的长宽比例不同而呈现截然不同的印象。一般来说，建议绘图区的高宽比例约为 1:1 左右，对角线约呈 45 度左右，并且在图表之间保持一致，以反映客观性和一致性。

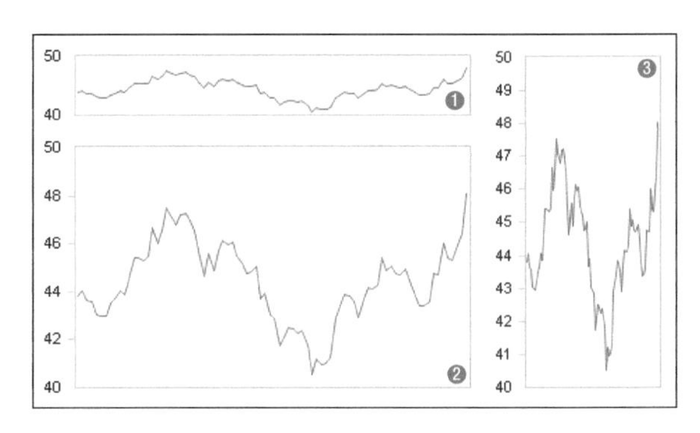

图5-7 不同的长宽比例会影响图表给人的印象

2. 截断柱形图Y轴

图 5-8 中，柱形图的坐标轴被截断而不是从 0 开始，这样，2009 年的预测值看起来似乎比 2004 年要大幅增长 200%以上。而如果我们还原坐标刻度，实际仅增长约 32%，视觉效果夸大了近 7 倍！所以我们说柱形图的纵坐标一般不应被截断。

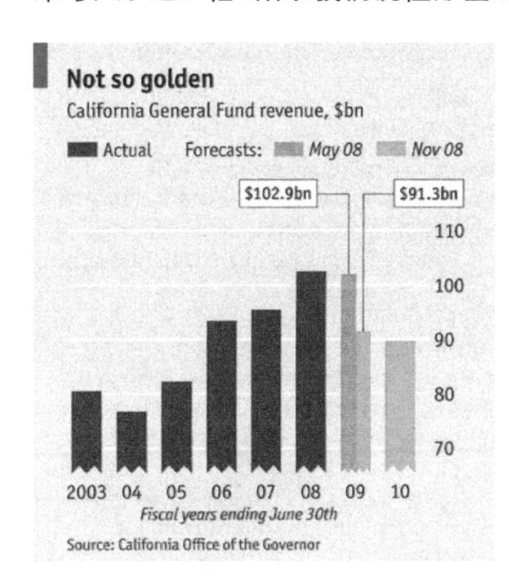

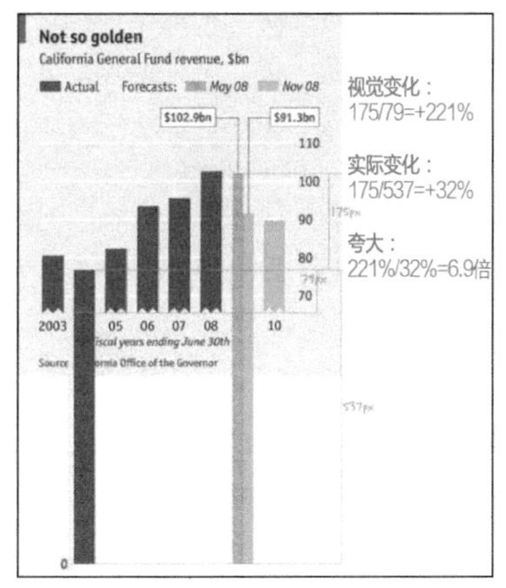

图5-8 截断柱形图可能会夸大数据差异 例图来源：《经济学人》网站。

3. 不成比例的形象化图表

图 5-9 中的形象化图表，多么直观、形象、精美。不过虽然漂亮，但是我们的感觉还是告诉我们，实物大小似乎与数值不成比例，我们究竟应该用图片的高度、面积还是实物的体积来估计数值的大小呢？事实上在这个例子中，无论用哪种方式衡量，结果都与显示的数字相差甚远。

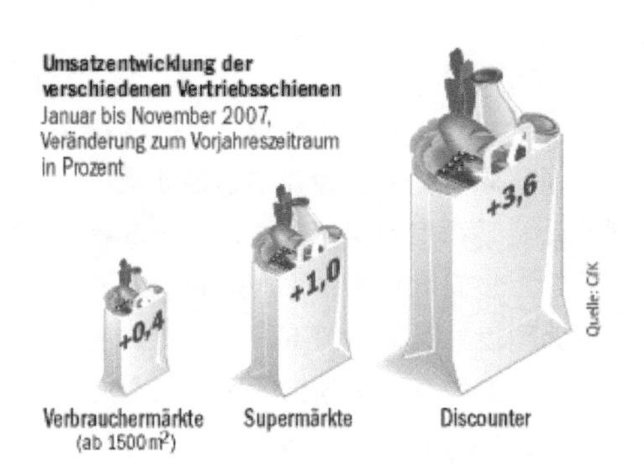

图5-9 形象化的图表可能给出错误的数据差异印象

错误的图表

在网络上，常有一些高手做出一些奇怪的图表，由于其高技巧性，还被不少网友当作案例学习。殊不知这只是一些发烧式的发明，不说是闭门造车吧，至少在真实的商务环境中从来没有见到过这些图表类型。在这里提一提，避免职场新人受到误导。

1. 有负数的饼图

当一组数据中含有负数时，是不能用饼图来反映的，否则所得的图表没有意义，结果也是错误的。有人用很复杂的方法做出某种所谓的盈亏饼图，可是我们根本无法看懂，如图❶。这种情况下，一个有正负方向的条形图就很合适。

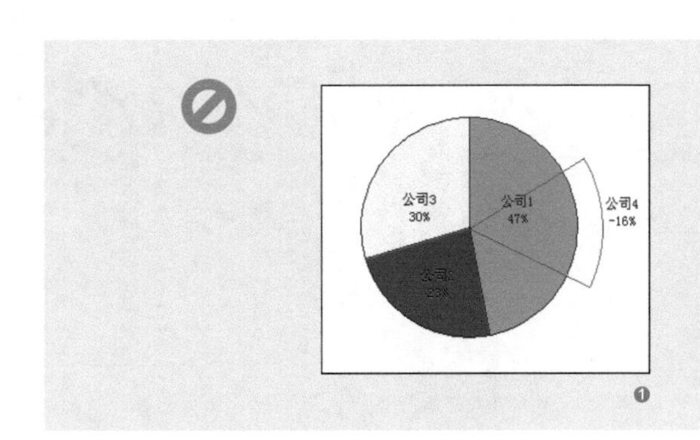

❶

2. 双层的饼图

有人制作一种双层的饼图，美其名曰母子饼图，将某一个或多个扇区再分为几个构成类别，来反映构成的构成，有时甚至是里三层外三层的，如图❷。老实说这种图表怎么读呢，远不及一张表格来得更简单。或者，可以将相同大类的扇区使用相同的填充色，达到分组的目的。

3. 扇区不同半径的饼图

图❸这种做法来自于一位国外高手的 fan chart 创意，让扇区的半径代表另一个指标。技术不可谓不高，但我们实在看不懂，也不便于比较。其实，用两个条形图就可以，或者用不等宽柱形图也行。

有趣的是，这些无效的图表类型多集中在饼图上，而饼图本身正是一种有效性颇受争议的图表类型。至于为什么会这样，我猜测也许是他们发现了饼图也可以加入多个数据系列，所以要充分发挥这种技巧吧。

4. 多 Y 轴的图表

在很多分析场景下，多个系列之间的量纲或者数量级差距悬殊，要做成一个图表的话很难观察，双坐标也嫌少。于是有人做出了这种多 Y 轴的图表，它的作图数据被做了处理，坐标轴全是模拟的，如图❹。但是这样的图表怎么看得清谁是谁呢？事实上，在商业杂志上，不要说多 Y 轴，连双 Y 轴的图表都很难看到。解决的办法是分开制作多个图表，按小而多方式排列处理，简单而清晰。

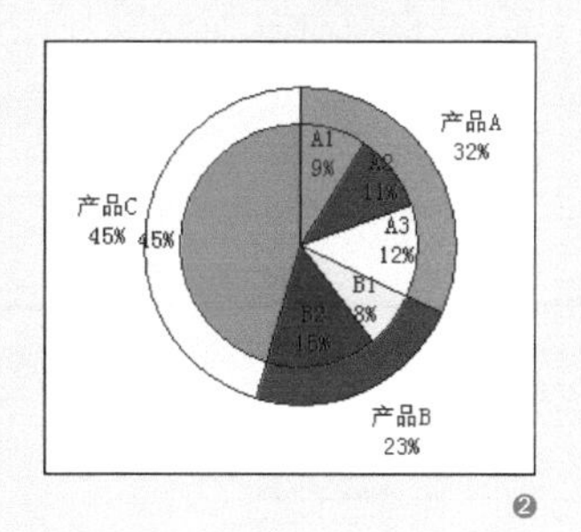

❷

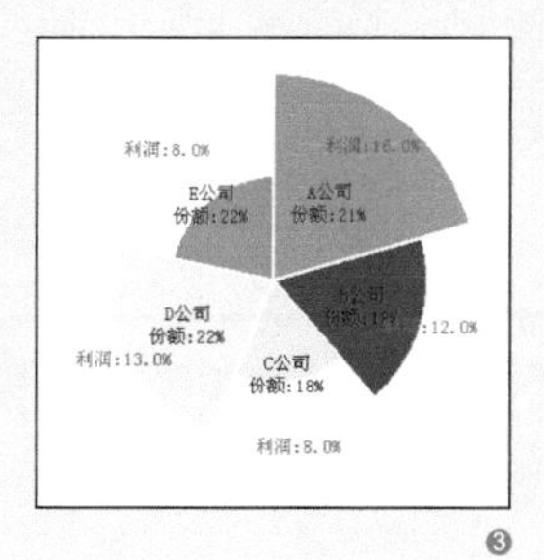

❸

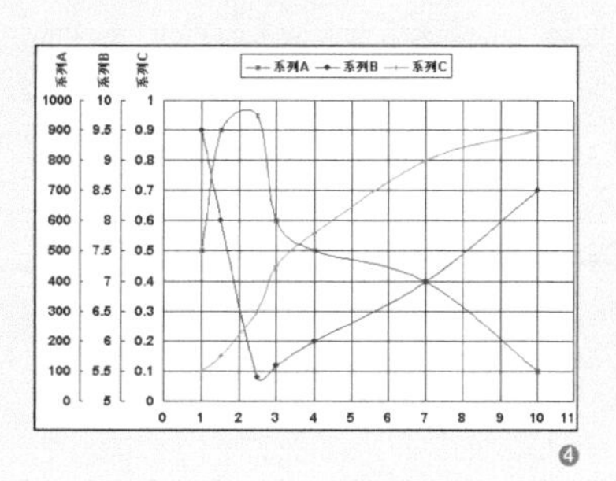

❹

不必要的图表

经营分析人员容易养成一个思维习惯，就是凡数字必用图表，有时候甚至是“分析不够图表凑”，似乎不用图表就不叫分析。但是，我们要知道何时不应该使用图表：如果表格或者数字本身就可以很好地表达，那就没有必要使用图表。

在下面这个例图中，数据差异极小，柱形图几乎成了整齐的栅栏，图表的作用并不明显。如果直接使用排序的数据表格可能更好。

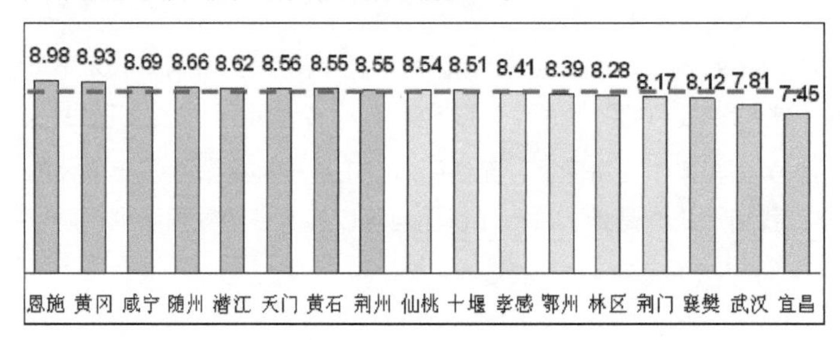

对于一个或一组数字的情况，商业周刊没有使用图表，而是使用了大号的数字，这样的处理同样令人印象深刻，见图 5–10。

AIG'S CROWN JEWELS

AIRCRAFT LEASING UNIT	FOREIGN LIFE INSURANCE	REAL ESTATE HOLDINGS	PEOPLE'S INSURANCE OF CHINA	PRIVATE EQUITY INVESTMENTS	CONSUMER FINANCE BUSINESS	ANNUITY BUSINESSES
$2.2 billion	$24 billion	$5.7 billion*	$1 billion*	$2 billion*	$845 million	$12.3 billion

图5–10 只用数字反映关键指标，准确而且印象突出　例图来源：《商业周刊》杂志。

第 6 章

图表设计与制作原则

现在，设计的概念和影响正向我们工作和生活的各个方面渗透。设计师、美工等专业人士开始介入到商务报告和演示的包装，PPT 变得越来越美工化，这给职场人士很大的压力。经过良好设计的商务报告，也确实会给读者带来更好的体验，从而显得更加专业、权威。本章尝试从设计角度来分析图表的设计与制作，如何制作具有设计师眼光的商务图表。

6.1 最大化数据墨水比

什么是数据墨水比

当我试图把图表做得更专业的时候，我就开始寻找与图表设计相关的指导原则，遗憾的是没有发现真正有意义的东西，直到我读到了爱德华·塔夫特的“data-ink ratio”概念。

爱德华·塔夫特是一位视觉设计大师，他的著作影响着所有视觉设计人士。他在 1983 年的经典著作 *The Visual Display of Quantitative Information* 中首先提出和定义了 data-ink ratio（数据墨水比）的概念：

一幅图表的绝大部分笔墨应该用于展示数据信息，数据变化则笔墨也变化。数据笔墨是图表中不可去除的核心，是用来展现数据信息的非多余的部分。

数据墨水比 = 图表中用于数据的墨水量 / 总墨水量

= 图表中用于数据信息显示的非多余的墨水的比例

= 1- 可被去除而不损失任何数据信息的墨水的比例

显然，图表中的曲线、柱形、条形、扇区等代表数据信息的就是数据元素、数据笔墨，而网格线、坐标轴、填充色等就是非数据元素、非数据笔墨。塔夫特提出了图表设计的根本原则：*最大化数据墨水比，图表中的每一点墨水都要有存在的理由，并且这个理由应该总是展示新的信息。*

数据墨水比并不是真的要计算出一个比例，它只是一个观念，要求我们考虑每个图表元素的使用目的与最佳呈现方式。我们不妨想象一下，当自己完成一张图表后，通过打印机输出时，有多少碳粉 / 墨水是必不可少的？有多少碳粉 / 墨水则是被浪费掉的？数据墨水比的观念告诉我们，好的图表要尽可能地将墨水用在数据元素上，而不是非数据元素上，如无意义的背景色、过于密集的网格线等。

这个数据墨水比不就是我们常说的信噪比吗，最大化数据墨水比不就是提高信噪比吗？众里寻他千百度的图表设计原则，原来早已在身边而不知。这个原则完全可以应用到图表设计、表格设计、PPT 设计、商务报告设计、Dashboard 设计等所有方面，并且是给予高屋建瓴的指导。

最大化数据墨水比

那么，如何最大化图表的数据墨水比呢？可以从两个方面出发：

- 减少和弱化非数据元素
- 增强和突出数据元素

具体来说，可以采取以下措施：

1. 去除所有不必要的非数据元素

除非出于某种特殊考虑，应尽可能地去除不必要的非数据元素。

- 去掉不必要的背景填充色
- 去掉无意义的颜色变化
- 去掉图表网格线
- 去掉不必要的图表框

- 去掉装饰性的图片
- 去掉模拟质感的渐变色
- 去掉一切 3D 效果

2. 弱化和统一剩下的非数据元素

   如果因为某些考虑需要保留某些非数据元素，请注意使用淡色来弱化它们。

   - 坐标轴要使用淡色
   - 网格线要使用淡色
   - 填充色要使用淡色
   - 表格线要使用淡色

3. 去除所有不必要的数据元素

   不要在一幅图表中放置太多的数据系列，只抽取关键的、重要的数据放入图表。

4. 强调最重要的数据元素

   对你认为需要强调的数据元素进行突出标识，以便读者能直接捕捉到这个信息。

图 6-1 的例子显示了最大化数据墨水比的过程。我们可以看到，一个默认形式的 Excel 图表，通过上述原则和措施的应用，去除和弱化非数据元素，强调重要的数据元素，变成了一个简洁有效的图表。范例

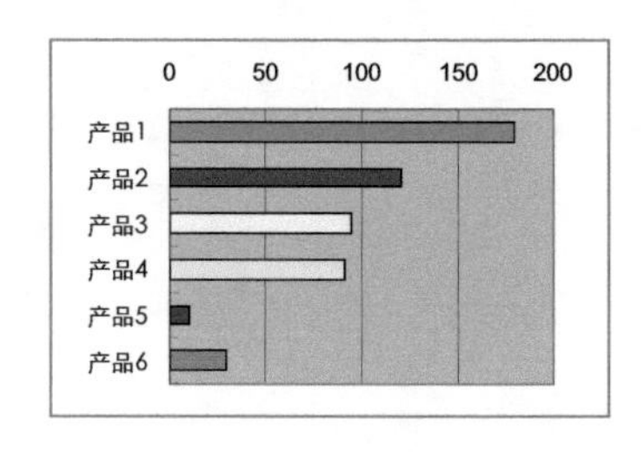

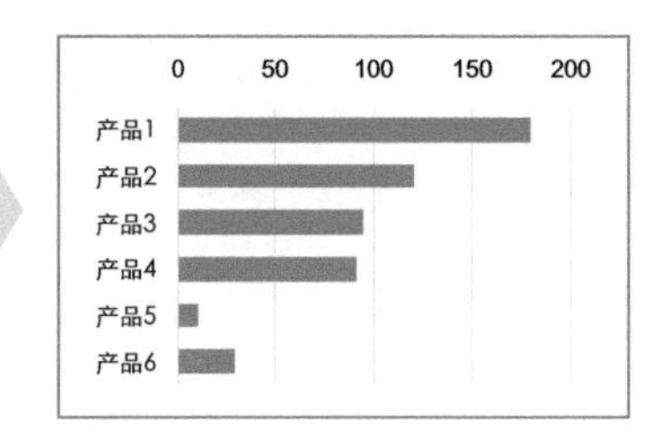

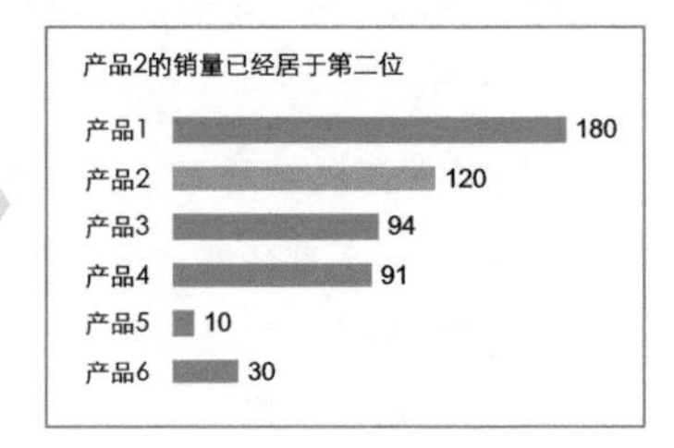

图6-1 以“最大化数据墨水比”原则指导图表的设计

把握平衡

当然，任何事情都有一个平衡的问题。塔夫特的原则非常极端，如果完全严格按他的观点去做，那么图表可能会变得过于简单，甚至简陋，缺少你我丰富多彩的个性。简洁有效的图表，不应该是简单简陋的图表。适度保留和运用冗余的非数据元素，也可以收到很好的效果，关键是我们要找到一个平衡点。

首先，适当地运用非数据元素，有助于形成自己的图表风格。《商业周刊》各时期的图表，都是较多地使用了独具特色的网格线、坐标轴、刻度线、背景色等来形成自己鲜明的风格。对于这些非数据元素，如果我们在所有图表中都采取经过精心设计、风格统一的方式来处理，那么读者就会知道这是经过特别考虑后的决定，而不是随意或疏忽的结果，这会增加图表的专业度和可信度，还可以透露出作者的个性风格与审美情趣。

其次，适当地使用非数据元素，可以促进图表信息的传递。在商业杂志上，经常有根据图表的内容和目的，使用相关的图片来表现的做法，以增加与读者多渠道的联系，引发情绪上的共鸣，促进信息的沟通理解。

图 6-2 是 *Focus* 杂志上的一个插图，当我第一眼看到它的时候，就立即被深深地吸引和打动了! 行走在上升的 CPI 曲线上的购物女性，画面精美，寓意明显，当时也正是中国 CPI 飞涨的时候，它是如此恰当地表现了我们普通居民所面临的经济问题。

所以，只要运用得当，非数据元素也可以收到很好的效果。当然，这种运用必须非常审慎，根据图表的应用场合来选择，确信不会对图表信息的有效传递造成负面影响。

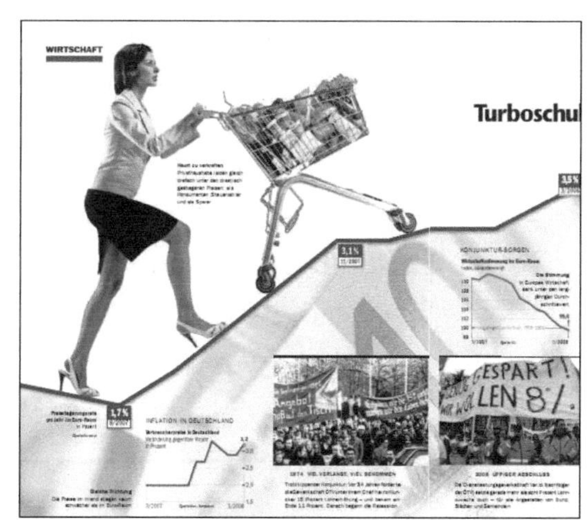

图6-2 图表中运用合适切题的图片，令人印象深刻
例图来源：*Focus*杂志。

6.2 图表中的颜色运用

图表中的颜色运用是如此重要，运用得好可以有力地增强图表的信息传递，提升专业的形象，用得不好却又非常危险，所以我把颜色运用作为进阶专业图表的第一步。这里给出一些在图表中运用颜色的原则和技巧。

1. 不要使用Excel的默认颜色

我们建议的首要原则，就是不要使用 Excel 本身的颜色，至少不要使用 Excel 默认分配给图表的颜色。即使你使用最新的、很酷的 Excel 2007 或 2010，这个原则也同样适用。

为什么呢？如果你使用默认颜色，一是容易被人一眼就看出是 Excel 制作的图表；二是这样显得你很懒，连颜色都懒得修改一下；三是因为 Excel 的颜色实在太普通，Excel 2003 的甚至可以说是很差。Excel 2007 有不少改善，但很快大家也会因为太熟悉它而审美疲劳了。所以，请建立你自己的颜色模板，建立自己的色彩风格。

2. 保持一致的颜色风格和使用规范

在同一份分析报告、演示文档内，一旦选定了图表的配色方案，就应始终保持一致，给人以统一的感觉，切忌没有意义地变换颜色。初学者易犯的一个错误就是不断变换图表的样式和颜色，似乎不如此则不足以反映其创意。

3. 有明确的目的才使用颜色

我们使用颜色不是为了把图表做得漂亮，而是为了特定的目的，即更有效地展示数据关系、促进信息沟通。一般来说在以下情况使用颜色：

- 突出特定的数据，强调需要引起关注的地方；
- 区别不同的类别，组合相关的项目；
- 代表数量信息，以颜色深浅代表数值大小。

我们并不反对为了让图表更美观而合理地使用颜色，但绝对反对毫无理由、毫无意义地使用各种颜色，把图表搞得花里胡哨。

4. 非数据元素使用淡灰色，以突出数据元素

一般而言，对于坐标轴、网格线等非数据元素，使用很淡的灰色就可以，过度突出就可能干扰读者对数据元素的阅读和理解。可参见前面的数据墨水比最大化原则。

5. 颜色要柔和、自然、协调

这需要我们了解一些简单的色彩理论知识，譬如色彩的情绪、象征意义，冷色和暖色的区别，色相环，互补色、分裂色的配色方法，等等。不过一般人士对这个似乎不会有太大的兴趣，很多男士对选择何种颜色的领带都头大，何况复杂的色彩理论。

这里推荐一个从大自然获取灵感的办法：找到一张你喜欢的风景图片，从中拾取主要的颜色，配置为 Excel 颜色模板，这样的图表配色一定非常“自然”。

6. 使用同一色调的不同饱和度

作为一个最简单的方法，使用同一色调的不同饱和度，可以保证配色是协调的，比如数据地图中用颜色深浅代表数值大小时。这在 Excel 中设置也很方便，见图 6-3。

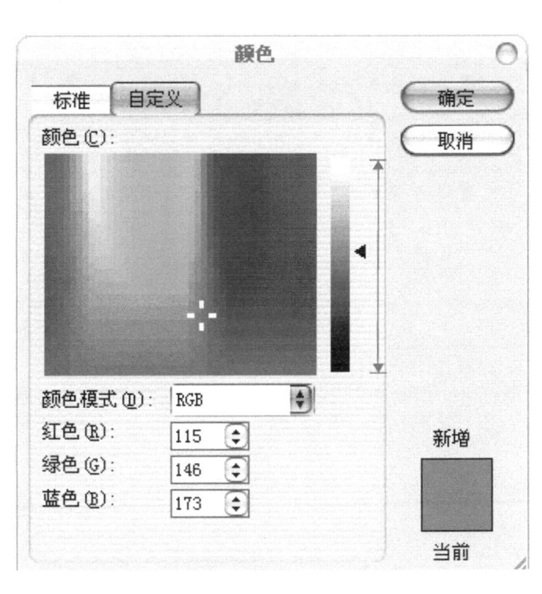

图6-3 在同一个色调下选择颜色，可确保协调

7. 避免同时使用大红大绿的色彩

一是会显得比较刺眼，二是有的阅读者可能是色盲或色弱而无法区分。譬如前面介绍的热力地图，现在杂志一般倾向于使用从深蓝变化到深红，而不是普通的从绿变化到红。

8. 多学习商业杂志图表的用色

它们的图表编辑知道如何使用最好的颜色，这是本书主要推崇的办法。

最后为大家介绍几款精心设计而建立的Excel 颜色模板，见图 6-4，大家可在范例中找到并运用到自己的文件中。范例

其中最后这款颜色模板来自于 Chart Tamer。Chart Tamer 是一个 Excel 图表插件，开发者对图表的颜色运用进行了科学、人性化的研究，精心设计了这套颜色模板。模板每一行或列的颜色都有特定的用途，如用于图表填充、图表线条的，用于区别、排序的，用于边框线、背景填充的，等等，如图 6-5 所示。

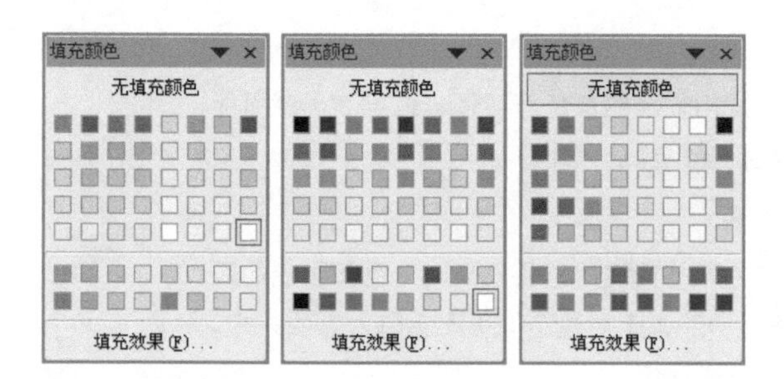

图6-4 几款精心设计的Excel颜色模板

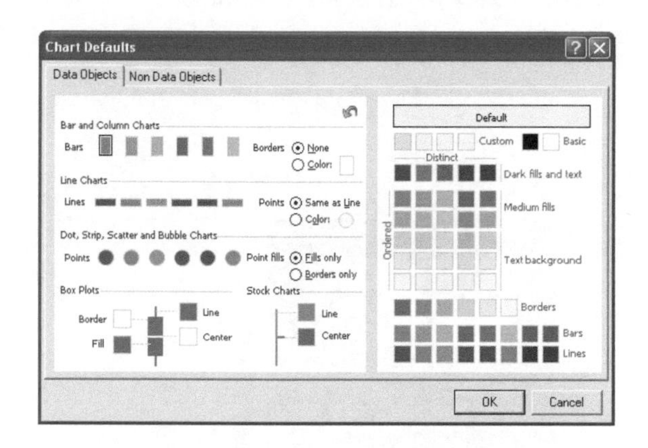

图6-5 ChartTamer对图表颜色运用进行了精心的设计，建立了一套科学的颜色使用规范

6.3 设计原则C.R.A.P

如果说塔夫特的最大化数据墨水比原则还过于简单或极端，那么世界著名设计师 Robbin 的设计四原则可以帮助我们从专业设计的角度来考虑图表的设计。

Robbin 在她的经典著作 *The Non–designer's Design Book*[1] 中，将专业设计师们的秘诀归纳为对比、重复、对齐、亲密性四条基本原则。这是一本通俗易懂的设计书，实践性很强，让非设计专业人士也可以设计出专业级别的作品。

任何优秀的设计，都完全符合 C.R.A.P 这四条设计原则，对比杂志上的优秀图表也毫不例外。如果能在图表设计中充分运用这些原则，将无人能怀疑你的专业水平！

1. 对比（Contrast）

对比原则就是要突出不同元素之间的差异。对比是最重要的设计原则，是增加视觉效果的最有效途径，Robbin 认为：

- 如果两个项不完全相同，就应当使之不同，而且应当是截然不同；
- 要想实现有效的对比，对比就必须强烈，千万不要畏畏缩缩。

对比强烈的图表更易吸引我们的注意力，图表的重要信息正是通过对比而得到强调。回顾本书中的所有图表案例，你会发现图表编辑们必定深谙对比的设计原理，他们的图表大多都有着强烈的对比，如字体、颜色、形状、线宽、大小、空间等方面。

2. 重复（Repetition）

重复原则就是让相同或相似的元素多次出现。对比原则突出不同，重复原则带来协调和统一。

设计风格正是靠重复来体现的。更重要的是，重复会为你的作品带来一种专业性和权威性。它会使读者感觉到制作者是负责的，因为一致的重复显然是一种经过深思熟虑后的设计决策。

读者能看到的任何方面都可以作为重复元素，如一种粗字体、一条粗线，项目符号、颜色、设计要素，格式、空间关系等。参见图 1–6 到图 1–9 中的图表，重复因素随处可见，如构图、色彩、字体，以及《经济学人》图表左上角的小红块，正是这些重复因素，造就了这些杂志图表各自鲜明的风格。

1　简体中文版译名《写给大家看的设计书》。

3. 对齐（Alignment）

对齐原则要求所有元素不被随意安排位置，而是向“无形的线条”对齐。Robbin 建议我们勇敢一些，不要畏缩，不要使用平庸的居中对齐，大多数精巧的设计都没有采用居中对齐。

对齐可以体现在图表之内和图表之间。在图 1–22 中，图表的标题、副标题、分类标签、条形、注释、边框线等所有元素，均采用左对齐。在图 3–38 中，小而多组图中的每一个图表都实现很好的对齐。

4. 亲密性（Proximity）

亲密性原则是把相关的元素组织一起，使页面结构更清晰。亲密性的根本目的是实现组织性。图表的布局可以体现亲密性。

在图 1–15 中，图表元素被顺序组织，进入阅读者眼帘的依次是主标题、副标题、图例、图表、注脚，虽然没有线条划分，我们依然可以很清晰地分出这些元素和区域。

利用亲密性原则，仅用留白就使页面更美观更有条理，而留白正是设计师们的最爱。

设计原则无处不在。观察任意一个《商业周刊》的图表，我们都可以在其中找到这些设计原则的运用。在图 6–6 中，最突出的是扇区之间的强烈色彩对比，除此之外你还能看出哪些地方有设计原则的应用呢？

所有的设计都离不开 C.R.A.P 这四条基本设计原则，只要能有意识地在图表设计中运用这四条设计原则，即使像你我这样对设计一窍不通的普通人士，也可以让图表看上去就像出自专业人士之手！

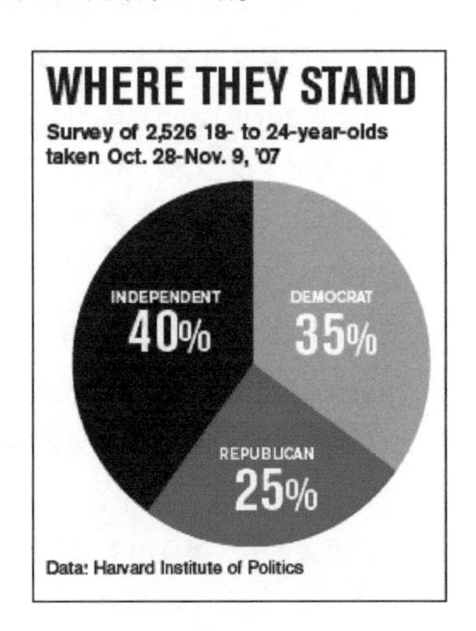

图6–6 对比强烈的饼图
例图来源：《商业周刊》网站。

6.4 图表制作原则

前面几节尝试将设计理念与图表设计结合起来，以期让图表具备设计水准。在具体制作图表的过程中，还需要掌握一些具体的制图原则，以指导图表的生成。本节按一般制图和最常见图表类型，根据实践总结了一些需要注意的事项，重点针对 Excel 图表的默认设置中不太合理的地方做出提示，可以作为图表制作的具体原则和检查列表。

1. 一般原则

- 图表要有明确的作用。图表的目的是反映隐藏在数据背后的信息，加强对信息的理解，回答商业问题。作为花瓶或者凑数的图表，应该杜绝或只能偶尔而为之；
- 要考虑图表的受众。确认他们能看懂和接受你的图表，否则会适得其反；
- 图表要简洁易懂，让人一目了然地获得信息。过多的数据和细节只能淹没信息；
- 在图表标题中直接说明你的观点、需要强调的重点。同一份图表，不同的人可能有不同的解读，你要确保阅读者了解你的观点；
- 图表应有脚注区。说明数据来源、备注信息等，这是体现你专业性最简单的方法；
- 领导满意并不是检验图表成功的标准。在多数情况下领导不一定有你专业，你要了解最佳实践，有自己的判断标准；
- 避免过度使用图表。图表贵在少而精，太多的图表轰炸并不会留下太深的印象。

2. 格式化

- 了解并运用设计原则。也许你只是数据分析师，但你的图表要符合设计师的眼光；
- 永远不要使用 Excel 图表的默认设置，包括颜色、字体、布局、样式等所有方面。你的图表应该有自己的风格，并保持一致；
- 有目的地、克制地使用颜色。颜色是如此重要，以至于我们反复提到它；
- 不要使用 3D、透视、渲染等花哨的效果。新手请特别注意，一个成熟的数据分析人士绝不应该把时间花在这上面；
- *Y* 轴刻度应从 0 开始。若使用非 0 起点坐标必须有充足的理由，且要添加截断标记；

- 使用合理的长宽比例，并保持一致，避免人为地歪曲图表；
- 不要使用倾斜的 *X* 轴标签。如果需要歪着头看你的图表，谁都不会感到舒服；
- 不要使用 Excel 图表的数据表。图表的重点在图，以及它给人的印象，不需要精确的数据；
- 对重要的信息进行强调。但不要处处强调，那等于没有强调。

3. 条形图

- 作图前先将数据排序，让最长的条形在最上面；
- 有人建议柱形（或条形）之间的间距应小于其宽度。确实，很多咨询公司的图表都是这种风格，看起来也很专业。不过这只是一种风格而已，并非绝对；
- 分类标签特别长时，可考虑放在条与条之间的空白处；
- 当有负数时，避免条形图与分类轴标签覆盖。

4. 柱形图

- 数据系列和数据点均不能太多，否则应考虑其他图表类型或分解作图；
- 比较分类项目时，若分类标签文字过长导致重叠或倾斜，请改用条形图；
- 柱形图的 *Y* 轴刻度必须从 0 开始，除非是为了隐瞒真相、误导读者；
- 同一数据系列的柱子不应使用不同颜色。

5. 曲线图

- 曲线线条要足够粗，明显粗过所有非数据元素，且不建议使用数据点标记；
- 曲线不能太多，否则易凌乱。数据系列过多时考虑分开作图；
- 曲线的起点应从 *Y* 轴开始，而不是留下一段距离。后者是 Excel 的默认设置，请更改；
- 曲线图的 *Y* 轴刻度可以从非零开始，但要标上截断标识；
- 可不使用图例，直接在合适的位置对曲线进行标识，减少目光检索；
- 曲线图不能用于分类数据的比较，除非是竖向的折线图。

6. 饼图

- 分类项应少于 5 项或者 7 项，太细的归于其他，但 2~3 个分类是最佳的；
- 数据要从大到小排序，最大的扇区从 12 点位置开始，顺时针旋转，符合阅读习惯；
- 不要使用 3D、透视效果。太多人喜欢把饼图做得跟真的饼一样；
- 不要使用爆炸式效果，最多可将某一片扇区分离出来以示强调；
- 不要使用图例，直接标在扇区上。如需连线请绘制水平线条；
- 所有扇区使用同色填充，白色边框线，将产生很好的切割感；
- 可以使用填充色对扇区进行分组。

6.5 形成自己的图表风格

各大商业杂志图表都有自己鲜明的风格，它们的图表即使没有标明来源，读者仍然可以从外观判断它的出身。当你掌握了本书的思路和方法，一般杂志上的图表都可以模仿出来，这时就可以考虑建立自己的图表风格。具有自己独特风格的图表，将成为个人品牌的载体。如果别人看到你的图表，就说这是谁谁谁做的，那么恭喜你，你已经形成了自己的个性风格与专业品牌。

如何形成自己的图表风格呢？

最简单的方式是从模仿开始。即使是专业的设计人士，他们也总是从同行或其他领域寻求灵感。找到你非常喜欢的商业图表，采用它的颜色、构图、字体，不放过任何细节，只是把数据换成你自己的，很快你就制作了一个成功的商业图表。在这种不断的模仿中慢慢调整，加入自己的理解和选择，你就会逐步形成自己的图表风格。

建立自己的图表模板库。大家做 PPT 的时候，一般都习惯先找个模板，可是作图表时却很少会想到要用模板，总是就着数据从零开始作图，然后不厌其烦地进行格式化。其实，日常工作中的图表往往具有很大的重复性，如果平时注意整理，自我积累，形成自己的图表模板库，需要作图的时候只要打开相应的图表模板文件，直接贴入新的数据就可立即获得完成的图表，将极大提高工作效率，又能保证风格的一致性。

我们在养成风格时应注意的是：

- 要适合于企业文化环境。一份在外企看来非常专业的图表，在国企可能显得过于标新立异。图表既要美观专业，又要低调内敛，简约而不简单；
- 要适合自己的个性特征。不要邯郸学步式地完全模仿别人的图表，那不是你自己的图表。要把自己的个性特征、审美情趣在图表中体现出来，这样的风格才是自己的、自然的、协调的；
- 要注意风格与效率的平衡。如果片面追求风格，把作图的过程搞得过于繁杂，则很可能会累到自己，得不偿失。要把握风格与效率的平衡，正如要把握工作与生活的平衡。

最后，让我们借用 Google 产品设计的 3 条原则来作为图表设计的参考和借鉴：

- 简洁是有力的；
- 吸引新人，诱惑专家；
- 让人眼前一亮，又不会心有旁骛。

第 7 章

数据分析人士的最佳实践

现在的职场白领人士，工作中都少不了要制作一些图表。从事数据分析方面工作的专业人士或商务经理，更是每天都要与报表、数据、图表打交道，工作非常繁琐、枯燥和辛苦。要轻松地应付这种局面，必须养成良好的工作习惯。本章介绍一些数据分析人士的工作方式和规范，这里面既有我多年的经验积累，也有国外同行的最佳实践。

7.1 把Excel设置到得心应手

工欲善其事，必先利其器。我们使用 Excel 作图表分析，如果有关选项设置得好，运用起来就会如行云流水般得心应手，大大提高工作效率。

1. 设置自己的默认字体

图表和表格都要大量处理阿拉伯数字，中文版 Excel 的默认字体是宋体、12 磅，但宋体字在表现阿拉伯数字时却显得很不够专业。在菜单“工具→选项→常规”选项卡的“标准字体”中，把默认字体设置为 Arial（或 Tahoma）、10 磅，见图 7-1。重启 Excel 之后，再建立的表格和图表中的数字就会显得更为专业。

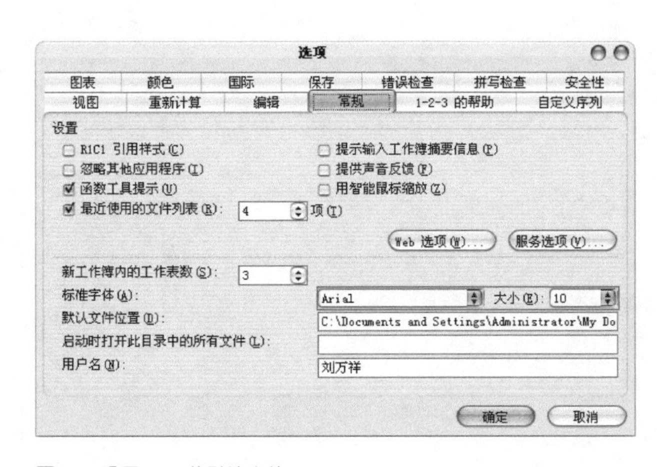

图7-1 设置Excel的默认字体

此外，Excel 行列号的字体也会影响到文档的专业性。对于一个已经存在的 .xls 文档，在菜单“格式→样式”对话框中修改常规样式的字体，可修改到行列号的字体和大小。

2. 设置自己的颜色模板

第 1 章我们介绍了 Excel 的颜色机制，设置好自己喜欢的颜色模板，既便于图表和表格使用，也便于形成自己的风格。最简便的方法是从其他文件中复制颜色模板，第 6.2 节中也推荐了多款精心设计的颜色模板。

3. 定义自己的工具栏

根据个人工作需求和习惯，将自己最常用的命令添加到工具栏，用的时候随手可得，会大大提高工作效率。我一般会将“粘贴数值”、“粘贴格式”、“选择性粘贴”、“照相机”、“取消 / 合并单元格”等命令都加入工具栏。如何添加工具栏按钮请参考第 2 章中“照相机的用途”一节。

4. 定义自己的图表类型

将已经格式化好的、需要经常使用的图表，定义为自己的图表类型，是复用图表格式、提高工作效率的好办法，参见第 2.2 节相关内容。对于稍微复杂的还可以保存为图表模板文件，需要用的时候只要填入数据，即可自动获得最后的图表。

5. 安装必要的插件

Excel 并非无所不能，也有很多缺陷，使用好的插件将解决很多问题。就作图表而言，我用得最多的插件工具有：多标签页工具 ExcelTab，标签修改工具 XY Chart Labeler ，图表美化工具 Chart Tamer 等，参见附录中的常用工具介绍。

7.2 规划好分析工作体系

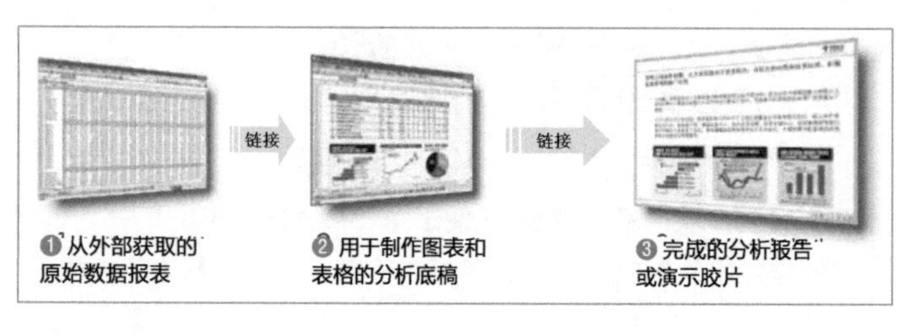

图7–2 包括原始数据区、分析底稿区、分析报告区的分层工作体系

对于专业从事数据分析的人士，因为需要处理的文件多、分析过程复杂、输出形式多样，因此需要规划好分析工作开展的体系，才能有条不紊地面对各种任务。我建议采用一种与分析流程对应的分层工作结构，即从原始数据区→分析底稿区→分析报告区的路径，如图 7–2 所示。

1. 获取和整理原始数据

经营分析人员要开展分析，首先会从外部获取大量的表格和数据。这些数据的取数来源、文件格式、更新周期、数据质量都不一样。要做好分类整理，检查确认可用性，分目录进行存放，这就是原始数据区。

2. 编制分析底稿

获取外部报表后，不要直接在外部报表文件上进行表格、图表的制作，而是要转换形成自己的分析底稿。通过使用复制、链接和查找等技术，将原始文件中的数据引用到分析底稿，然后在底稿文件中进行数据处理、表格编排和图表制作等。分析底稿可以按内容和目的进行分别存放，这就是分析底稿区。

分析底稿可以形成很多个，一个分析目的即可形成一个，成为一个个的分析模块。如果设计得当，每月源数据更新时，分析底稿可以自动更新链接，或只需简单扩展引用公式范围即可更新。

要让分析底稿清晰可读，可以对其中的输入区、计算区、结果区等不同区域，使用不同的填充颜色来区分，这样自己和别人都更易看懂和使用模型。颜色可根据个人喜好来定，譬如黄色填充表示输入、绿色填充表示输出，重要的是保持一致性，在所有的文档中都使用相同的规范。

3. 编制分析报告

不同分析底稿中的表格、图表等，将成为分析报告的素材、模块。根据分析报告的框架和逻辑，这些模块将被我们引用到分析报告中去，这种引用应具备自动更新机制，参见第 7.4 节的内容。存放分析报告的目录就是分析报告区。

这种分层的工作体系，将使我们的工作保持清晰而不致混乱。即使在一个单独的分析底稿模型里，我们也可以将其分为数据层、分析层、展示层 3 层结构，如图 7–3 所示。

根据模型的复杂程度，这种分层可能表现为一个 .xls 文件里的 3 个或多个 Sheet，也可能是一个 Sheet 里的不同区域。数据层存放从源头获取的数据，可能是按源系统的格式保存和扩展；分析层是对数据层进行引用、整理、计算、分析，为展示层做准备；展示层利用分析层的数据，对外提供表格和图表，也就是最后的报告界面。不同层的 Sheet 可通过设置标签颜色来加以区分，例如图 7–3 中的工作表标签。

这种分区或分层的做法好处很多。一是你的报告与底稿、底稿与源数据均相对松耦合，便于修改调整。二是需要更新的时候，我们只需要更新数据层，甚至只需要调一下分析层的一个控制参数，展示层就能自动更新。三是需要对外发布的时候，我们可以方便地将数据层和分析层的 Sheet 都隐藏起来，让用户只看到展示层的界面。

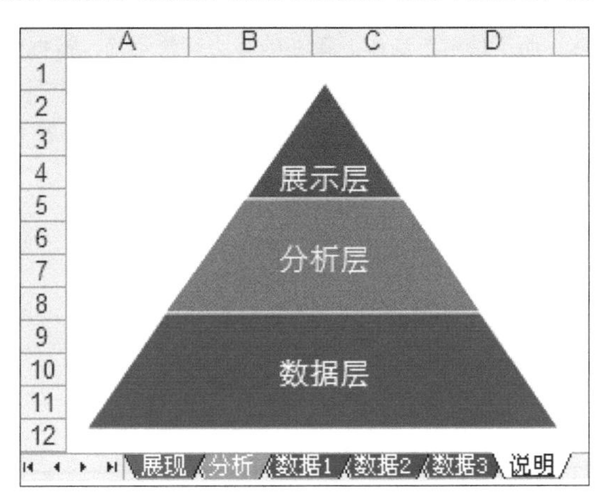

图7–3 将一个分析模型分为数据层、分析层、展示层

7.3 为分析底稿添加备注说明

编制分析底稿非常重要的一个原则，就是要写好备注说明。将数据的来龙去脉、分析逻辑、更新方式、注意事项等都注明清楚，越详细越好，以备时间长了自己会忘记当时的构建思路。一旦要更换工作岗位，也便于工作交接，使后来人能够快速接手。有写备注习惯的人太少了，如果你能做到这一点，估计就已经超越了95%的分析人员！

哪些内容应该记录在分析底稿中，以下都可以考虑：

- 关于数据源的说明。包括取数来源、口径说明、取数日期、提供人员、联系电话，甚至取数的 SQL 语法，都可以在底稿中注明；
- 关于分析模型的说明。包括分析思路、模型原理、名称列表、计算逻辑、更新方式、注意事项等；
- 模型编制者信息。编制者的单位、部门、联系信息，以及模型的版权信息等。

有了这样详细的备注信息，即使时隔半年，你也可以迅速回忆起当时构建模型的做法和用法，而不必重新制作。备注的写法可繁可简，根据分析底稿或模型的复杂程度而定。我们可以在工作表的空白地方写，也可以在单元格批注中写，也可以在一个单独的 Sheet 中写。分析底稿中有足够的地方去写备注说明，这也是有别于在 PPT 中直接作图的好处之一。

7.4 把Excel图表导入到PPT

在 Excel 中做好的图表，一般都要导入到 PPT 等文档中形成最后的分析报告。将做好的图表导出到 PPT 中，有很多种选项，很多初学者的做法都是直接复制→粘贴，殊不知这里面有很多问题，有时还是很危险的。

在 Excel 2003 中，直接复制→粘贴的效果是将包含所复制图表（或单元格区域）的 .xls 源文件全部嵌入到了 PPT 中，与原文件再无关系。这样做的问题有：

- 报告版本易混乱，极易发生数据未更新完整的情况；
- 在 PPT 中的对象框内编辑，受到空间限制，编辑操作非常不便；
- 易使文件体积过大。由于粘贴的是整个 Excel 文件，PPT 体积自然变大，多次粘贴时文件还会被反复粘贴进去；
- 易发生数据泄密。一旦对外发布 PPT 版本报告，整个 Excel 文件就都被放出去了。

在 Excel 2007 中，情况有所变化。直接复制→粘贴的效果是图表被贴在 PPT 中，可以在 PPT 中直接编辑，但图表的数据源仍链接到原 .xls 文件。这种效果貌似较 Excel 2003 有改进，但实际用途根本不大。

我的建议是永远不要使用 Ctrl + V 直接粘贴，而是使用“选择性粘贴→粘贴链接”的方式。先在 Excel 中选定并复制包含图表的单元格区域，转到 PPT 中，点击菜单“编辑→选择性粘贴→粘贴链接”，确定（见图 7-4）。这时 Excel 中选定单元格区域内的所有内容即出现在 PPT 中，但只是一个显示外观的图形链接，表格、图表及数据源均在原 Excel 文件中进行调整修改。

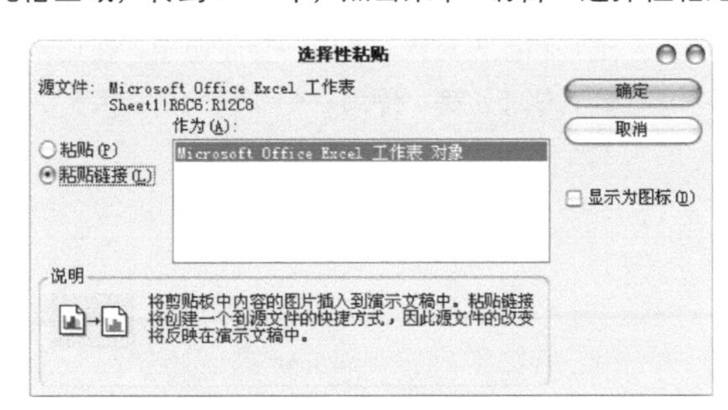

图7-4 将Excel中包含图表的单元格区域，以“选择性粘贴→粘贴链接”的形式导入到PPT中

这样链接的好处是：

- 方便数据更新。每月数据更新时，整个更新流程从原始文件→分析底稿→分析报告，自动更新链接，准确高效。在分析底稿中更新、修改图表，没有操作空间的限制；
- 可在不同报告中复用表格或图表。分析底稿以及其中的表格、图表，类似于程序开发中的模块，可以被多份报告引用，快速建立和完成临时需要的报告；
- 屏蔽分析思路和细节数据。对外发布 PPT 报告时，接受者无法修改图表或数据，无法查看图表背后的数据，更不会看到你的分析底稿；
- 文件体积不致于增大过多。

当 PPT 报告中的表格、图表来自于分析底稿的链接时，更新方式有：

- 在打开 PPT 文件时会询问是否要更新链接，选“是”则自动更新所有链接。需要先确定所有分析底稿已更新正确，不建议采用此方式；
- 在菜单“编辑→链接”的对话框中，有所有的链接列表，可进行更新、断开等操作。也不建议采用此方式；
- 在链入 PPT 文档中的每个表格、图表对象上，双击可打开链接的原始分析底稿，你可以进行相关更新编辑，保存后的修改结果会立即反映在 PPT 中。也可以选择这些表格和图表对象，右键→更新链接，在更新数据的同时，可从更新结果确认分析底稿是否刷新正确。作为一个谨慎的分析人士，建议采用此方式，逐一检查、更新和确认每个链接内容是否已刷新正确。

7.5 商务型PPT的一般规范

由于分析报告多以 PPT 形式呈现，这里顺带谈一下此种类型 PPT 的制作规范。

在现今职场中 PPT 的应用场合是如此之广，无数人为做出所谓漂亮的 PPT 而绞尽脑汁。很多专家提出了诸多 PPT 制作原则，如：

- 10/20/30 原则（文件不超过 10 页，时间不超过 20 分钟，字体不小于 30 磅）
- 7 点原则（每张幻灯片不超过 7 个要点）
- KISS 原则（Keep It Simple, Stupid）
- 多图少字原则

单独看这些原则应该说都没有问题。但这些原则都没有考虑到一个事实，即不同的应用场合对 PPT 的要求是不一样的，那么 PPT 的制作原则也就不能一概而论。

这里所说的商务型 PPT，是指在商务场合运用的 PPT 文档，如为工作汇报、咨询报告、数据分析等所制作的 PPT。商务型 PPT 与作为演讲辅助、教学课件、宣传路演，乃至婚庆典礼等场合的 PPT 是截然不同的，有其自身的制作规范和审美规则。以下观点是我个人的一些建议，仅针对工作场合使用的商务型 PPT，其他应用场合请勿参考。

1. 逻辑第一

商务型 PPT 首重思维逻辑，强调思路清晰、条理分明。如果你的 PPT 逻辑清晰、有的放矢，解决问题自然是水到渠成。只要做到这一点，哪怕全是文字，也是一个好的 PPT。麦肯锡的《金字塔原理》是解决思维逻辑的经典教材，其核心思想也就是强调“总分结构”的叙事方式。

2. 模板选择

一份 PPT 的风格和给人的印象，很大程度上是由模板决定的，这里所说的模板包括幻灯片母版和各种图形图解样式。商务型 PPT 的模板选择要注意平实简约、专业严谨，给人庄重低调、精致淡雅的感觉。考虑到这种 PPT 一般还要打印为书面材料，因此使用白色背景是聪明的选择。同一份 PPT 里要注意模板风格统一，不要一会是罗兰·贝格的风格，一会是韩国 TG 的风格，总让人看到似曾相识的面孔，成为一个东拼西凑的大杂烩。

3. 文字字体

商务型 PPT 演示时，一般受众范围较小，且受众多是近距离阅读，有的是与会者人手一份打印稿，有的是会议桌前有液晶同步显示。因此要注意字体和大小，太大显得粗糙，太小难于阅读。尽量不要使用自己安装的冷僻字体，否则发送到别人的机器上时有可能面目全非。据说微软雅黑字体是专为液晶显示器而设计，可以试试。

4. 转场、动画、音效

在商务场合，这些效果运用是越少越好，某些重要场合则禁止使用。我们关注的是演示报告的内容，不是这些炫酷、花哨的效果，千万不要把时间和精力浪费在这上面。

目前，以 TG 模板为代表的韩国炫酷风格 PPT，以及演示设计高手 GARR 所倡导的图片型 PPT，风靡于网络，为无数 PPT 爱好者所推崇。虽然其中不乏精品，但大部分并不适合商务场合使用，很容易误导职场新人。作为工作场合应用的商务型 PPT，我还是建议多多学习和借鉴咨询公司的做法。我们可多看看世界顶尖咨询公司的 PPT 风格，作为借鉴学习。

1. 麦肯锡

麦肯锡几乎是咨询公司的代名词，其 PPT 风格极为突出：一成不变的黑底白字、标题黄色文字、图形蓝色填充，等等。由于风格太突出，别人也不太好直接模仿，但其版式设计、逻辑结构，都是我们学习的经典。

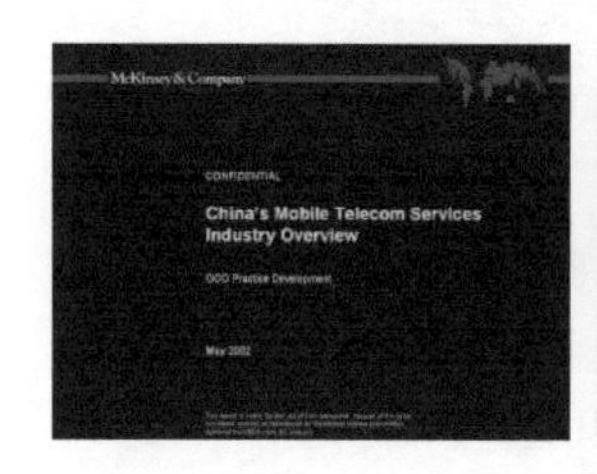

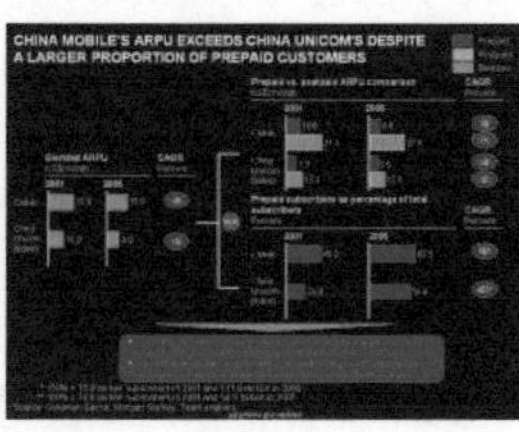

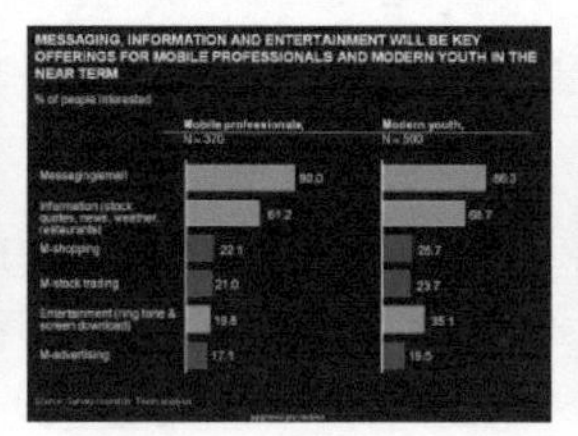

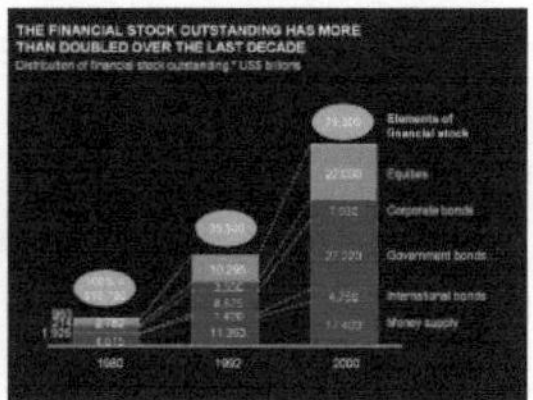

2. 罗兰·贝格

来自德国的罗兰·贝格的 PPT 是我最为欣赏的类型，专业简洁，精致淡雅，是众多公司纷纷仿效的对象。在阅读罗兰·贝格的 PPT 时，你会明显感觉到他们有很多严格的、不为外人所知的制作规范。其老模板为黑白灰风格，新模板的颜色运用也仅限于水绿色和搭配使用的浅橙色，而根据色彩理论，这一颜色组合正是专职专业的象征。

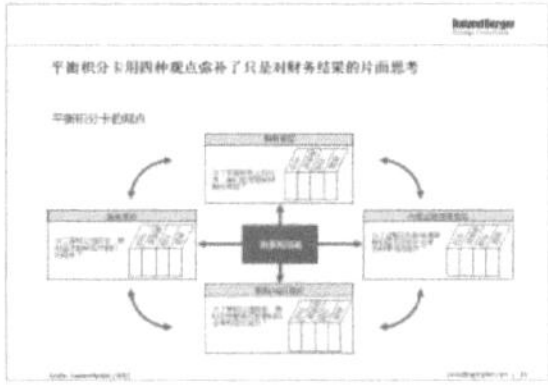

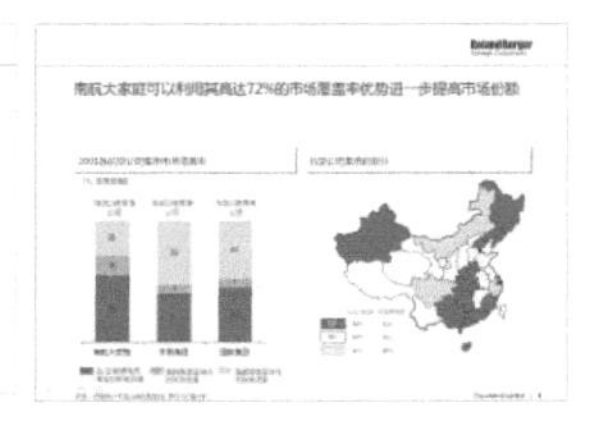

3. 埃森哲、安盛/安达信、IBM、科尔尼等

这些咨询公司的 PPT 风格，都与罗兰·贝格是一个路数，无非在模板的某个地方使用颜色、字体等进行了视觉区别。如埃森哲的浅蓝色、安盛的酒红色、IBM 的淡蓝色、科尔尼的深红色，都是形成他们各自风格的重要载体。

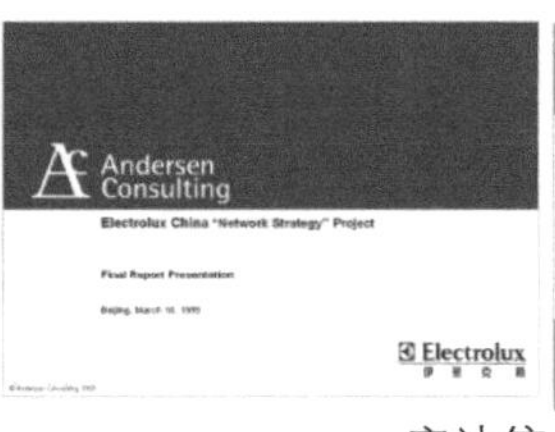

埃森哲　　安盛　　安达信　　IBM 咨询

7.6 分析报告的发布和归档

对外发布分析报告时，尽量使用 PDF 版本，阅读效果会更好。如果动画效果比较重要，可以使用 iSpring 软件转换为 Flash 格式。

如需对外发布 PPT 版本，请记得先断开所有链接。操作路径在菜单“编辑→链接→断开所有链接”。如果不这样做，一是链接列表易暴露你的分析逻辑，二是当接收者打开你的文档时，如果不小心选择了更新链接，而你的文档中有 100 个链接的话，那么他就需要点击 100 次鼠标!

需要打印 PPT 报告时，强烈建议使用 FinePrint 软件，而不是 PowerPoint 自己的打印选项。

FinePrint 软件可以让我们将打印作业进行“压缩”和布局，以节省纸张。FinePrint 打印的 PPT 会撑满整个页面，不像 PowerPoint 本身打印的周围会浪费很大的空间。对外提供的报告版本，我们可以在每面 A4 纸打上下 2 张胶片，双面打印，预留装订线空间，如图 7–5 所示，这样装订后可以像翻阅杂志般方便地阅读。自己用的草稿版本则可以在每面 A4 纸打印 4 张或 8 张胶片。每次看到有人单面打印或者每面只打印一张胶片，我既鄙视其不专业，更感到非常惋惜。爱护地球，保护环境，从我做起，从 FinePrint 开始!

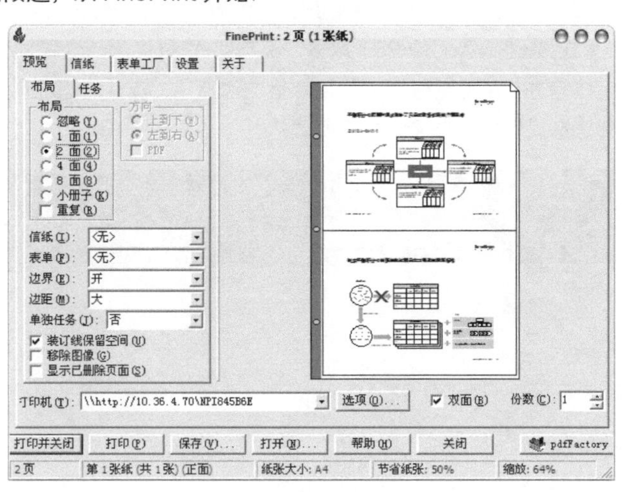

图7–5 通过FinePrint打印PPT文档，节约环保，便于阅读

7.7 定期做好备份

最后，你必须随时做好上述所有文档的备份。如果不能做到每天备份，至少也要每周刷新一次备份文档，以防不测。很多人没有及时备份的习惯，殊不知如果因事故丢失文档，你会欲哭无泪。

一般情况的备份可使用公文包方式，简单快捷。在移动硬盘上新建一个公文包，将电脑上需要备份的目录拖放到公文包内，公文包将保持与电脑同步更新。每次更新备份时，只需要在公文包上单击右键选择“全部更新”即可。对于文件量巨大的备份，可考虑使用专门的同步备份软件，如微软的 SyncToy 等。

有时候深夜加班做完报告，第二天就要演示汇报，这种时间紧急的情况下容不得半点闪失，千万要记得备份。但即使你用 U 盘备份了，也常有无法打开的时候，因此建议再加一道保险措施：在你完成报告后，记得发送一份到自己的工作邮箱，把文件存放到公司邮箱里，比自己的 U 盘要可靠得多。

7.8 数字并不是一切

最后，虽然数据分析人士都喜欢用数字说话、用图表说话，但我们却不要钻到数字堆里出不来。数字并不是一切，图表并不是全部。

数据的作用其实很有限。这个世界上很多东西都不是数字所能反映的，我们需要关注本质的、真正重要的东西。虽然本书讲的都是有关图表的设计、制作和运用，但根本目的却是希望帮助大家从作图这个环节解放出来，把更多的时间放在分析业务内容上，那些才是真正重要和起作用的东西。

工作也不是一切。现在的中国正处于一个高速发展的阶段，每个人都像陀螺一样随着这个时代转个不停。但你要知道工作是永远也做不完的，时间会抹去一切问题。多关注自己、家人和朋友，这些才是我们生活中更为重要的东西。如果本书能够帮助你既专业又快速地完成工作，节省出时间来陪伴家人，我将感到万分欣慰！

附录 A

A.1 Excel 2007/Excel 2010在图表方面的变化

相比 Excel 2003，Excel 2007 简直是发生了天翻地覆的变化，Excel 2010 较 2007 则变化不多。这里简单介绍一些 Excel 2007 和 2010 在图表方面的变化内容，并对目前的 Excel 2003 用户如何选择迁移策略给出了建议。

1. Ribbon（功能区）

Office Excel 2007 最大的改变，就是抛弃了传统的菜单和工具栏的形式，引入了 Ribbon（功能区）的概念，如图 A–1 所示。但这个改进却备受争议、褒贬不一，它让很多用户怎么也找不到已经用惯多年的功能在哪里，很多操作也变得更加繁琐，所以在某种程度上 Ribbon 是降低工作效率的，尤其对中高级用户而言。但像 Office 这种软件升级是大势所趋，我们也只能慢慢熟悉和掌握了。

图A–1 Excel 2007启用了全新的Ribbon功能区界面

2. 图表外观

Excel 2007 的图表默认外观较 Excel 2003 有很大的改善。那个肮脏的灰色背景没有了，颜色也变得协调多了，并且可以方便地切换主题，瞬间改变图表风格，这一点应该是比较成功的改进。但同时也增加了很多图表垃圾，因为 Office Excel 2007 开发了全新的渲染引擎，各种华丽的渐变、棱台、发光等 3D 渲染效果，很容易误导初级用户把图表做得花里胡哨、俗不可耐，正所谓“形式大于内容”。

3. 操作变化

需要了解 Excel 2007 在一些操作方式上的变化：

- 不再支持双击图表元素调出格式设置对话框的操作。这显然是 Excel 2007 犯下的一个严重错误，不过在 Excel 2010 中已经恢复了这一操作方法；
- 不再支持鼠标拖放方式给图表添加数据系列，但幸好还可以使用复制→粘贴方式；
- 不再支持鼠标拖拽数据点改变数据源的操作方式，不过这个去掉也无大碍；
- F4 快捷键只重复上一次操作，而 Excel 2003 中是重复上一次对话框访问所进行的一组操作；
- 如果直接复制 Excel 中的图表粘贴到 PPT 中，默认结果将是 PPT 中的图表可以直接编辑，但数据源还是链接到原 Excel 文件中。这样，图表的最新格式和数据源各处一地，这可能会给很多人特别是初学者造成不少困惑或隐患。我还是喜欢使用“选择性粘贴→粘贴链接”的方式。

4. 可视化工具

新版本在条件格式中新增了单元格内的数据可视化工具。其中 Excel 2007 新增了数据条、色阶和图标集，Excel 2010 又新增了 Sparklines 功能。这是图表方面相比 Excel 2003 而言少数的成功改进之处。

- **数据条 (Data Bar)**

数据条是单元格内的半透明色带，可以制作单元格内的条形图。Excel 2007 的数据条存在 3 个问题：数据条并非完全成比例，0 值也有数据条；不支持负数方向的数据条；透明渐变使尾端不明确。Excel 2010 中则解决了这 3 个问题。

- **色阶 (Color Scale)**

色阶使用颜色的渐变表示单元格值的相对大小，可以制作一个 HeatMap 式的表格，快速发现数据的分布特点。

- **图标集（Icon Set）**

包括箭头、红绿灯、月亮图、电量条等图标，可以在单元格中显示数量指示。

- **微图表（Sparklines）**

值得一提的是，Excel 2010 中增加了 3 款 Sparklines 图表，如图 A-2 所示。这样我们不必安装第三方插件就可以绘制单元格内的微图表，这是 Excel 2010 在图表方面唯一的变化。

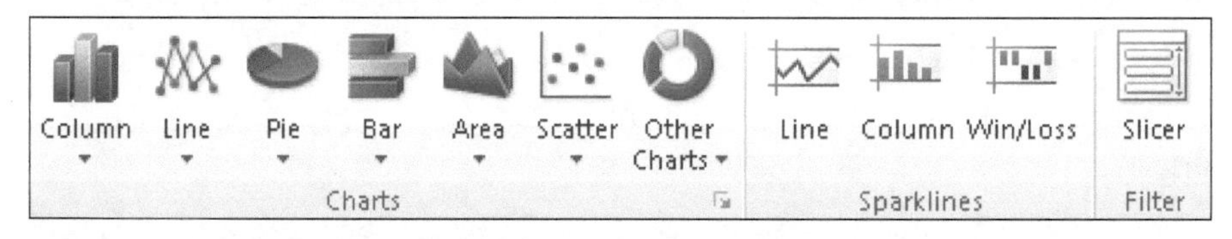

图A-2 Excel 2010版本中增加了3种类型的Sparklines，方便绘制单元格内的微图表

5. Excel 2003用户的迁移策略

虽然 Office Excel 2007 推出已经有几年了，但目前市场上大部分用户还是在使用 2003 版本。现在 2010 版本也已经发布。对于目前还在使用 Excel 2003 的用户，该采取什么样的迁移策略呢?

我的建议是现在暂时不要急着去尝试 Excel 2007，可以直接过渡到 2010 版本。理由有：

- 很多人升级到 Excel 2007，但实在玩不转它，导致工作效率大幅下降，而不得不转回到 Excel 2003。掌握 Excel 2007 的学习成本并不亚于学习一个全新的电子表格软件；
- 当周围的人绝大多数都还在使用 Excel 2003，而你使用 Excel 2007，别人将无法读取你的 Excel 2007 文件（除非你要求他们都安装一个转换器），这将带来无穷的麻烦；
- 我也了解到一些世界知名的 Excel 图表专家们都仍在使用 Excel 2003 版本。在他们看来，Excel 2007 并无太多值得选择的改进之处；
- Excel 2010 已经推出，改进了 Excel 2007 的很多问题。因此，跳过 Excel 2007 直接过渡到 2010 版本，这将是学习成本和经济代价最低的方式。

A.2 图表伴侣工具

这里介绍一些在数据分析和图表制作中经常要用到的伴侣工具，将大大提高您的工作效率。

1. OfficeTab（标签页插件）

一般职场办公人士经常要同时打开多个文档开展工作。可是在标签页几乎是主流软件标准配置的今天，MS Office 不支持多标签，相比之下 WPS 就支持。OfficeTab 是一款国产插件，为 Office 增加多标签功能，让你在一个窗口里就能切换所有的文档，方便快捷，极大提高工作效率，见图 A–3。对于数据分析人士，强烈建议安装其中的 for Excel 版本，软件作者的空间（http://hi.baidu.com/officecm）可以免费下载。

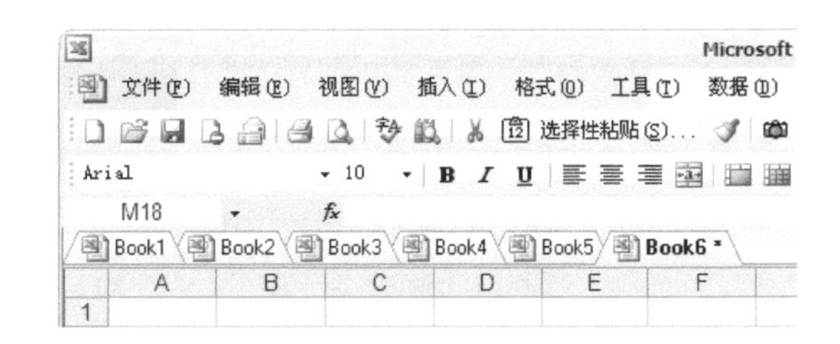

图A–3 OfficeTab可以为Office增加标签页功能，让你在多文档之间自由切换

该作者网站里还有一个 Office 经典菜单的插件，让陷在 Excel 2007/Excel 2010 里找不着北的我们，重新看见熟悉的 Excel 2003 式菜单，这真是对微软的一个讽刺。

2. ColorPix（屏幕取色工具）

小巧方便的取色工具，利用它精确获取杂志图表的专业配色方案，制作杂志级图表的必备工具。绿色软件，双击运行，把鼠标放到目标位置，在放大视图框内确认后按下空格键，即锁定其颜色代码，在相应数值上单击左键复制代码，如图 A–4 所示。

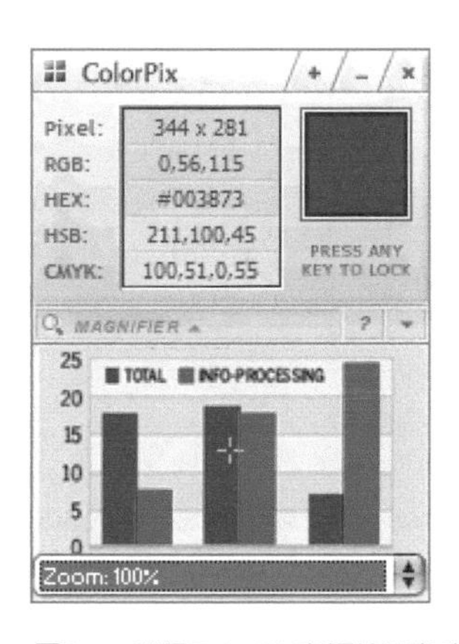

图A–4 利用ColorPix方便拾取杂志图表的配色方案

这是个免费软件，官方网站提供下载：

http://www.colorschemer.com/colorpix_info.php。

3. XY chart labeler（散点图标签工具）

这个散点图标签工具，除了解决散点图的标签问题，更是 Excel 高级作图的必备武器，可以为任意数据系列添加任意的标签显示，我们经常要利用它将辅助系列的数据标签显示为需要的内容。参见第 2 章的详细介绍。下载位置：

`http://www.appspro.com/Utilities/ChartLabeler.htm`。

4. Chart Tamer（图表驯服者）

Chart Tamer 是一款专门的 Excel 图表美化插件。这里的美化不是让图表有多酷，而是在符合专业性、有效性要求前提下的美化。它对图表类型、图表配色有严格规范，生成的图表更加简洁和清晰，颜色也很协调。在官方网站可以下载一个 30 天试用版本：

`http://www.bonavistasystems.com/DownloadMicroCharts.html`。

安装 Chart Tamer 后，当启动 Excel 时，它首先会把 Excel 难看的默认颜色模板替换为它自己的颜色模板。在工具栏会增加一个工具条，插入图表的操作方式与 Excel 类似，如图 A-5 所示。

图A-5 Chart Tamer的工具条

5. Microchart（微图表插件）

Microchart 是一款专门制作 Sparklines 图表的插件，用来开发 Few 式风格的 Dashboard。与 Chart Tamer 是同一家公司的产品，下载地址也相同。

6. Think-cell Chart（咨询师风格PPT图表插件）

Think-cell Chart 是一款制作图表的 PPT 插件，生成的图表外观相当简洁和专业，极具咨询顾问风格，如图 A-6 所示。可以很方便地添加一些箭头等附加内容，对于瀑布图、Mekko 图、甘特图等都可以直接制作。看过网站的介绍动画后，我相信很多如罗兰·贝格之类的咨询公司的 PPT 图表，可能都是用这个插件制作的。官方网站（www.think-cell.com）可以下载 30 天试用版本，有兴趣的可以尝试一下。

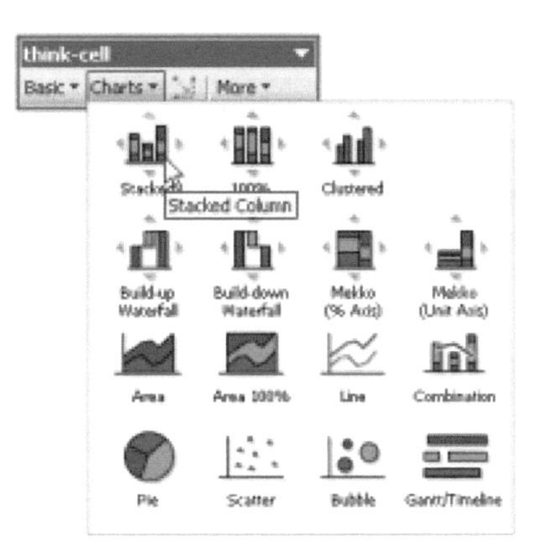

图A-6 Think-cell在PPT中的图表工具条

7. Xcelsius（水晶易表）

水晶易表（Xcelsius）是一款基于 Excel 数据源，提供豪华用户界面的互动图表和仪表板开发工具，如图 A-7 所示。各种水晶质感、动态效果的图表、量表、指示器、选择器等部件，视觉效果绝对炫酷，适合制作动态图表、What-if 分析模型、领导决策仪表盘等。结果可一键导出为 Flash 格式嵌入 PPT，可在放映状态下交互式地进行动态演示。

有一个可以免费使用的宣传用极简版本 CX_now，可以满足一般情况下的使用。适当的时候用这个软件要酷一下可以收到震撼的视觉效果。

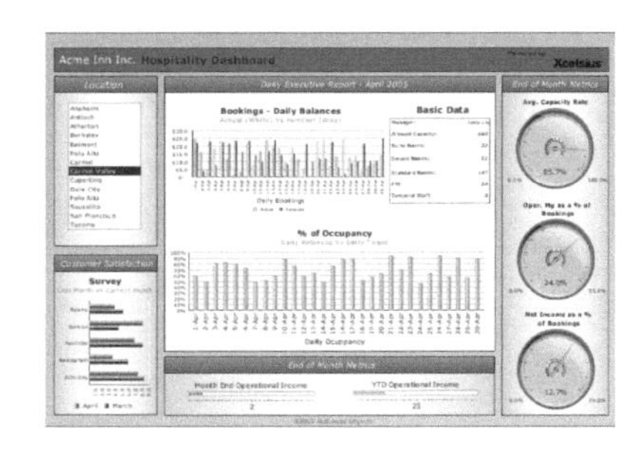

图A-7 水晶易表开发的交互式仪表板

A.3 图表博客和网站

在 Web 2.0 的今天，博客可以说是最好的学习方式之一。只要善于搜索发现，你可以找到你所关注领域中世界上最领先的博客。你可以关注他们的最新研究动态，在他们的博客留言、提问，一般他们都非常彬彬有礼，很愿意回答你的问题。下面介绍一些优秀的图表主题博客和网站，我也经常通过博客、邮件、Twitter 与他们互动。

1. Junk Charts（http://junkcharts.typepad.com）

   Junkchart 指无效的垃圾图表。这个博客的说明是 Recycling chartjunk as junk art，专门剖析杂志报刊上流行的无效图表。即使商业杂志上的图表也会有败笔，这个博客可以帮助我们识别什么是有效的图表，什么是无效的图表，提高图表设计的专业水平。

2. PTS blog（http://peltiertech.com/WordPress）

   这个博客专注讨论 Excel 图表制作技巧。博主 Jon Peltier 是一位真正的图表高手，他的 Excel 图表技巧简直出神入化、匪夷所思。有人曾问 John Walkenbanch（《图表宝典》的作者）什么时候再写图表的书，他回答说“等 Jon 不再写图表的时候”—— Jon 的图表功底可见一斑。

3. Jorge Camoes' Charts（http://charts.jorgecamoes.com）

   一个咨询顾问的博客，关注图表、仪表板、数据可视化等，侧重 Excel 运用。

4. DSA Insights（http://supportanalytics.com/blog）

   一个咨询顾问的博客，讨论一些商业分析、数据分析、信息可视化等方面的话题。

5. Visual Business Intelligence （http://www.perceptualedge.com/blog）

这个博客讨论数据可视化与商业智能。博主 Stephen Few 是著名的可视化专家，他发明了 Bullet 图表，提倡简洁有效的信息仪表板设计，被称为 Few 式风格。

6. ExcelPro的图表博客 （Blog.sina.com.cn/ExcelMap）

这是我的博客，关注专业有效的商务图表沟通方法，运用普通的 Excel 制作杂志级水准的商业图表和报告，追求图表的专业精神和商务气质。目前是中文领域里领先的商务图表博客，深受职场朋友的喜爱，欢迎大家访问和讨论交流。

7. ExcelUser网站（www.Exceluser.com）

这个网站对运用 Excel 制作商业图表和 Dashboard 式报告有深入研究。在看到这里的文章之前，你很难看出和相信，网站里那些媲美商业杂志的数据报告竟然只是用 Excel 制作的。然而确实如此，作者只是把 Excel 的基础功能运用到了极致而已，在我看来这才是真正的、科学的 Excel 用法。

8. VerTex42网站（www.vertex42.com）

这个网站以开发精美的 Excel 模板见长，包括各类数组式日历、财务报表、财务模型等，从财务管理到时间管理，从商业应用到个人应用，范围非常广泛。专业的盈亏平衡模型是什么样？所谓的“蒙特卡洛”模拟究竟是怎么回事？这个网站都有案例。所有模板都设计专业、配色雅致，并且全部提供免费下载，值得一一学习。

A.4 图表相关书籍

市面上关于商务图表设计和制作的图书并不多，都是些讲 Office 软件操作的计算机图书，缺乏实际的商务应用。这也是我写这本书的初衷，希望将商业图表的最佳实践与 Excel 的实现方法结合起来，做一本具有经管特色的商业图表书籍。

以下几本与图表相关的书籍，分别涉及图表规范、制作技巧、分析素养、设计理念等方面，推荐给大家与本书配套阅读。

1. 《用图表说话》，作者基恩（美），曾是麦肯锡公司形象化沟通主管。麦肯锡的图表是咨询业的标杆，该书是麦肯锡咨询图表规范的一份指南。新版去掉了过时的内容，增加了原版Workbook里的内容。
2. 《中文版Excel 2007图表宝典》，作者John Walkenbach（美），是一位著名的Excel专家。该书2003版本就是经典的Excel图表教材，涵括了从基础到高级的大量内容，新版针对Excel 2007做了部分改写。
3. 《用数字说话》，作者库米（美），是一位资深的商业分析人士。这本书总结了作者多年的实践经验，告诉你一位专业的分析人士应具备的职业素养。
4. 《写给大家看的设计书》，作者Robin Williams（美），是一位世界著名的设计专业人士。虽然这本书讲的是页面设计的原则和技巧，但对图表设计也具有很好的借鉴和指导意义。

A.5 商业杂志网站

那些全球顶级的商业杂志，每期的发行量都在数百万份之多，它们的图表编辑拥有几十年的丰富经验，深谙商业图表之道。他们制作的图表既专业严谨，又吸引读者，学习他们的图表，真的就是站在巨人的肩膀上。不必购买杂志，你可以免费浏览它们的网站，经常会发现很多精彩的商业图表。我经常浏览的商业杂志网站有：

- 《商业周刊》 www.businessweek.com
- 《经济学人》 www.economist.com
- 《华尔街日报》 www.wsj.com
- 《纽约时报》 www.nytimes.com

在它们的网站内搜索图表案例是个更为高效的学习方法。有一个搜索的秘诀，在 Google 的图片搜索中输入如下的代码并搜索（图 A-8）：

```
chart site:http://www.businessweek.com
```

图A-8 指定商业杂志网址搜索图表案例的图片文件

搜索结果出来后，一直往后面翻，你会看到非常多的《商业周刊》经典风格的图表案例。这是一个巨大的学习资源，我第一次发现的时候，简直有如获至宝的感觉。用同样的方法，也可以搜索其他财经网站的图表案例。如果你曾看过数以千计的世界顶级商业图表案例，你自然会知道专业的图表应该做成什么样子。

A.6 设计网站

这是个设计无所不在的时代，求职简历、演示 PPT、商业报告、个人博客……无一不需要我们具有设计师的眼光，商业图表的设计也是如此。你观察《商业周刊》的图表，每一个图表案例都堪称经过精心设计的艺术品。因此，了解一些设计方面的知识对于商业图表和报告的设计是很有好处的。

1. Before&After杂志（http://www.bamagazine.com）

   一流的设计公司网站，有很多高水平的设计理念和方法文章，而且这些文档本身也绝对是一个个经典的设计案例，对于职场人士非常具有借鉴和实践意义。

   该网站的大部分文档均为收费阅读，但只要善用搜索，我们还是能找到很多可以免费阅读的文档。在 Google 中输入“Before & After magazine filetype:PDF” 或者 “Bamagazine filetype:PDF” 搜索，你一定会收获颇丰。

2. 谈艺录（http://www.logosky.net/webpage/artsreview.htm）

   这个网站经常翻译一些国外的设计类文章，包括很多来自于 BA 杂志的文章。

参考文献

1. Few Stephen.Information Dashboard Design: The Effective Visual Communication of Data.2006
2. Few Stephen.Now You See It: Simple Visualization Techniques for Quantitative Analysis.2009
3. Walkenbach John.Excel Charts.2002
4 Walkenbach John.Excel 2007 Charts.2007
5. Alexander Michael.Excel 2007 Dashboards & Reports For Dummies.2008
6. Jelen Bill.Charts and Graphs for Microsoft Office Excel 2007.2007
7. Duarte Nancy.slide:ology: The Art and Science of Creating Great Presentations.2008
8. 基恩・泽拉兹尼 . 用图表说话——麦肯锡商务沟通完全工具箱 . 长春 : 长春出版社，2002
9. 库米 . 用数字说话——在经济商务领域简捷方便的沟通方法 . 长春 : 长春出版社，2008
10. 芭芭拉・明托 . 金字塔原理 : 思考，写作和解决问题的逻辑 . 北京 : 民主与建设出版社，2006
11. 罗宾・威廉斯 . 写给大家看的设计书 . 北京 : 人民邮电出版社，2009
12. 大前研一 . 专业主义 . 北京 : 中信出版社，2006

反侵权盗版声明

举报电话：（010）88254396；（010）88258888

传　　真：（010）88254397

E－mail：dbqq@phei.com.cn

通信地址：北京市万寿路173信箱　电子工业出版社总编办公室

邮　　编：100036